FORSCHUNGSBERICHTE DES LANDES NORDRHEIN-WESTFALEN

Nr. 2371

Herausgegeben im Auftrage des Ministerpräsidenten Heinz Kühn
vom Minister für Wissenschaft und Forschung Johannes Rau

Prof. Dr.-Ing. Max Vater
Dr.-Ing. Herbert Wiegels

Institut für Bildsame Formgebung der
Rhein.-Westf. Techn. Hochschule Aachen

Entwicklung einer Methode zur Walzkraftbestimmung für das Kalt-Walzen mit und ohne Längszug

Westdeutscher Verlag Opladen 1973

ISBN-13: 978-3-531-02371-7 e-ISBN-13: 978-3-322-88341-4
DOI: 10.1007/978-3-322-88341-4

Gesamtherstellung: Westdeutscher Verlag

Inhalt

Verzeichnis der verwendeten Größen

a	kp mm/mm^3	spezifische Formänderungsarbeit
a_0, a_1	-	Koeffizient
b_0	mm	Breite des Walzgutes vor dem Stich
b_1	mm	Breite des Walzgutes nach dem Stich
b_m	mm	mittlere Walzgutbreite im Walzspalt
C	mm^2/kp	Werkstoffkonstante des Walzenmaterials (nach Hitchcock)
C_G	-	Koeffizient (nach Geleji)
c	-	Korrekturfaktor für die Fließbedingung (nach Tresca)
d	mm	Durchmesser der Arbeitswalzen
E	kp/mm^2	Elastizitätsmodul
e	-	Basis des natürlichen Logarithmus
F	mm^2	Fläche
F_0	mm^2	Querschnittsfläche des Walzgutes vor dem Stich
F_1	mm^2	Querschnittsfläche des Walzgutes nach dem Stich
F_d	mm^2	gedrückte Fläche im Walzspalt
f, f_1	-	Funktion
h	mm	Höhe
h_0	mm	Höhe des Walzgutes vor dem Stich
h_1	mm	Höhe des Walzgutes nach dem Stich
h_m	mm	mittlere Walzguthöhe im Walzspalt
K, K_1	-	Ähnlichkeitskonstante
k_f	kp/mm^2	Formänderungsfestigkeit des Walzgutmaterials
k_{fm}	kp/mm^2	mittlere Formänderungsfestigkeit des Walzgutmaterials im Walzspalt
k_w	kp/mm^2	Formänderungswiderstand
k_{wm}	kp/mm^2	mittlerer Formänderungswiderstand im Walzspalt
l	mm	Länge
l_d	mm	gedrückte Länge im Walzspalt
l'_d	mm	gedrückte Länge im Walzspalt bei abgeplatteten Arbeitswalzen
P	kp	Walzkraft

p	-	Proportionalitätsfaktor
R	mm	Radius der Arbeitswalzen
R'	mm	Radius der abgeplatteten Arbeitswalzen in der Berührungszone mit dem Walzgut
V	mm^3	Volumen
v	m/min	Walzgeschwindigkeit
W	kp mm	Formänderungsarbeit bei verlustbehafteter Umformung
W_{id}	kp mm	Formänderungsarbeit bei verlustloser Umformung
x	mm	Laufgröße
Z_0, Z_1	kp	Rückwärts- bzw. Vorwärtszugkraft
α	-	Greifwinkel
β	-	Fließscheidenwinkel
ε	-, %	Stichabnahme
η_f	-	Formänderungswirkungsgrad
μ	-	Reibbeiwert
ν	-	Querdehnungszahl
σ	kp/mm^2	Spannung
$\sigma_1, \sigma_2, \sigma_3$	kp/mm^2	Hauptnormalspannungen
σ_m	kp/mm^2	arithmetischer Mittelwert der Hauptnormalspannungen
σ_{fl}	kp/mm^2	Fließwiderstand
σ_{flm}	kp/mm^2	mittlerer Fließwiderstand im Walzspalt (in Längsrichtung)
σ_h	kp/mm^2	vertikale Druckspannung im Walzspalt
σ_{hmid}	kp/mm^2	mittlere vertikale ideelle Druckspannung im Walzspalt
σ_{l0}	kp/mm^2	Rückwärtszugspannung
σ_{l1}	kp/mm^2	Vorwärtszugspannung
σ_{lm}	kp/mm^2	mittlere Längszugspannung im Walzspalt
τ_{max}	kp/mm^2	maximale Schubspannung im Mohrschen Kreis
φ	-	logarithmische Formänderung
φ_h	-	größte der drei logarithmischen Hauptformänderungen

1. Einleitung

Die Vorgänge beim Bandwalzen, insbesondere im Bereich kleiner Banddicken, sind durch zwei zunächst voneinander unabhängige Erscheinungen gekennzeichnet. Einmal verändert die Walzkraft den mittels der Walzenanstellung vorgegebenen Walzspalt infolge Gerüstauffederung, Walzendurchbiegung und -abplattung (Abb. 1a), zum anderen steht sie in funktionalem Zusammenhang mit der plastischen Verformung des Walzgutes (Abb. 1b). Sims und Arthur [1] brachten erstmals eine Darstellung beider Erscheinungen in einem Bild (Abb. 1c), als es ihnen darum ging, den Geschwindigkeitseinfluß auf Banddicken- und Walzkraftänderungen zu klären. Die für einen vorgegebenen Walzvorgang erforderliche Walzkraft ergibt sich nach Abb. 1c aus dem Schnittpunkt der elastischen Kennlinie des Walzgerüstes mit der plastischen Kennlinie des Walzgutes. Nur mit der Kenntnis beider Abhängigkeiten ist es möglich, bei vorgegebener Ausgangsdicke h_0 des Walzgutes die Walzspalthöhe h_1' einzustellen, die zu der geforderten Endhöhe h_1 des Walzgutes führt. Eine möglichst alle Einflußgrößen einbeziehende, exakte Beschreibung der beiden in Abb. 1c dargestellten funktionalen Abhängigkeiten von der Walzkraft ist somit eine Voraussetzung für den optimalen Betrieb von Bandwalzwerken.

Zu den Problemen bei der Ermittlung der in Abb. 1a dargestellten Federsteifigkeit der Walzgerüste soll hier nicht Stellung genommen werden. Funke und Jung [2] sowie Kuske u.a. [3] befaßten sich in jüngster Zeit eingehend mit diesem Fragenkomplex.

In dieser Arbeit soll ein Verfahren zur Diskussion gestellt werden, das sich um die Klärung der in Abb. 1b dargestellten Abhängigkeit zwischen der Walzkraft und der durch sie hervorgerufenen plastischen Formänderung am Walzgut bemüht. Seit Jahrzehnten versucht man immer wieder, allgemeingültige Aussagen über diese Abhängigkeit zu machen. Die dabei auftretenden Schwierigkeiten sind außerordentlich groß, nicht nur weil es sich hier um eine äußerst verwickelte Funktion sehr vieler Faktoren handelt, sondern vor allem deshalb, weil einige dieser Einflußgrößen auch voneinander in unbekannter Weise abhängen. Gedacht ist hier vor allem an die Abplattungserscheinungen oder an die Abhängigkeit des Längszugeinflusses von der Größe der Stichabnahme.

2. Erkenntnisstand

2.1 Die Walztheorien

In einer 1971 erschienenen Arbeit gibt Weber [4] einen ausführlichen Überblick über die Entwicklung der Walztheorien, angefangen bei v. Karman [5] und Siebel [6], die sich mit der sogenannten elementaren Walztheorie erstmals um eine mathematische Beschreibung der Vorgänge im Walzspalt bemühten, über die hydrodynamische Walztheorie von Kneschke [7] bis hin zu den jüngsten Versuchen von Troost u.a. [8 bis 11], auch die letzten möglichen Einflußgrößen zwecks Angleichung des Modells an die Realverhältnisse mit in die Betrachtungsweise einzubeziehen. So versuchen sie [8 bis 11] z.B., auch beim Kaltwalzen die Breitung, die Trägheitskräfte, die elastische Verformung des Walzgutes und den Geschwindigkeitseinfluß auf k_f zu berücksichtigen. Auf eine eingehende Erläuterung zu den einzelnen Versuchen, mittels mehr oder weniger vereinfachender Annahmen aus den Walztheorien brauchbare Lösungen zu erzielen, wird hier mit dem Hinweis auf die oben zitierte Arbeit [4] verzichtet. So wichtig es auch ist, durch die Anwendung immer mehr verfeinerter Methoden die wirklichen Vorgänge im Walzspalt zu durchleuchten, wird man auch beim heutigen Stand der elektronischen Datenverarbeitung in der Praxis nicht ohne vereinfachte Modellvorstellungen und Verfahrensweisen auskommen können. Auch die theoretisch exakteste und bei Berücksichtigung möglicher Einflußfaktoren weitgehendste Walzkraftberechnung wird nur in dem Maße genaue Ergebnisse liefern können, in dem es gelingt, einige werkstoff- oder verfahrensabhängige Größen (z.B. den Reibbeiwert μ) mit Sicherheit vorauszubestimmen. Die sich aber gerade dabei ergebenden Schwierigkeiten werden im folgenden noch eingehend zu besprechen sein, da sie auch bei der Anwendung einiger der sogenannten einfachen Walzkraftgleichungen auftreten.

2.2 Die einfachen Walzkraftgleichungen

2.2.1 Der Grundgedanke

Die in der Praxis auch heute noch oft verwendeten Walzkraftgleichungen sind aus der Überlegung entstanden, daß die Walzkraft nicht nur das Integral des Walzdruckes über der Berührungsfläche der Walzen mit dem Walzgut ist, sondern ebensogut als Produkt aus gedrückter Fläche und mittlerer vertikaler Druckspannung in dieser Fläche gedeutet werden kann,

$$P = F_d \cdot k_{wm}. \qquad (1)$$

So einfach diese Beziehung zunächst auch zu sein scheint, wirft sie doch bei entsprechenden Anforderungen an das Ergebnis einige Problematik auf. Sowohl die Größe der gedrückten Fläche F_d als auch die des Formänderungswiderstandes k_{wm} sind in entscheidendem Maße von den Walzbedingungen abhängig und nicht ohne weiteres anzugeben. In erster Näherung kann man den Formänderungswiderstand gleich der mittleren Formänderungsfestigkeit k_{fm} setzen und die gedrückte Fläche durch die geometrische Beziehung

$$F_d = b_m \cdot l_d = b_m \cdot \sqrt{R \cdot (h_o - h_1)} \qquad (2)$$

angeben. Diese Näherungslösung wird jedoch weder der Bedeutung der Reibungsverluste beim Walzen gerecht, noch trägt sie der Tatsache Rechnung, daß auch die Umformwerkzeuge, hier die Walzen, eine elastische Verformung erfahren, wodurch die gedrückte Fläche u.U. erheblich vergrößert wird. In den nun folgenden Abschnitten soll den Größen in Gl. (1 und 2) und den Einflüssen, denen sie unterliegen, einige Beachtung geschenkt werden.

2.2.1.1 Die Formänderungsfestigkeit

Nach heutiger Auffassung definiert man die Formänderungsfestigkeit k_f (auch Fließspannung genannt) als die Spannung, die im einachsigen Spannungszustand notwendig ist, um plastisches Fließen einzuleiten bzw. bei dem augenblicklichen Umformgrad aufrechtzuerhalten [12]. Sie ist eine Funktion des Werkstoffes und seiner Vorbehandlung, des Umformgrades, der Umformgeschwindigkeit, der Temperatur und der Richtung, in der sie bei anisotropen Werkstoffen gemessen wird. Die gebräuchlichsten Verfahren zur Aufnahme von Fließkurven (Darstellung der Fließspannung über dem Umformgrad) sind der Zugversuch, der Zylinderstauchversuch, der Kegelstauchversuch, der Flachstauchversuch, der Verdrehversuch und der hydraulische Tiefungsversuch, die in [12] eingehend beschrieben werden. Die Abweichungen der mit den einzelnen Verfahren ermittelten Fließkurven voneinander dürften im wesentlichen auf unterschiedliche Temperatur- und Reibungseinflüsse zurückzuführen sein. Bei vergleichenden Untersuchungen ist es daher wichtig, das angewandte Ermittlungsverfahren anzugeben.

2.2.1.2 Die Fließbedingungen

Da der einachsige Spannungszustand zur Definition der Formänderungsfestigkeit herangezogen wird, ist es zur Übertragung aus dem einachsigen auf mehrachsige Spannungszustände notwendig, eine der Formänderungsfestigkeit analoge Vergleichsspannung anzugeben. Der Eintritt des Fließens hängt dabei von einer Kombination aller drei Hauptspannungen ab und wird im allgemeinen durch die beiden Fließbedingungen nach der

a) Schubspannungshypothese (Tresca, Mohr [13])
b) Gestaltänderungsenergiehypothese (v. Mises, Hencky [14])

beschrieben, die für den Sonderfall des einachsigen Spannungszustandes gleiche Ergebnisse liefern.

Die Aussage der Schubspannungshypothese für den Fließbeginn ist aus dem Mohrschen Spannungskreis abzulesen: Fließen tritt dann ein, wenn die größte Schubspannung einen kritischen Wert erreicht. Die größte Schubspannung ist aber gleich dem halben Durchmesser des Mohrschen Kreises (Abb. 2)

$$\tau_{max} = \frac{\sigma_1 - \sigma_3}{2}$$

bzw.

$$2\tau_{max} = \sigma_1 - \sigma_3 = \sigma_v = k_f. \qquad (3)$$

Die Hauptnormalspannungen σ_1, σ_2, σ_3 sind vorzeichenbehaftet

$\sigma < 0$: Druckspannung

$\sigma > 0$: Zugspannung

und ihrer Größe nach geordnet,

$$-\infty < \sigma_3 < \sigma_2 < \sigma_1 < +\infty,$$

so daß sich nach der Fließbedingung aus der Schubspannungshypothese die Vergleichsspannung als die Differenz von größter und kleinster Hauptnormalspannung ergibt. Der Größe der mittleren Hauptspannung σ_2 wird dabei keine Bedeutung beigemessen.

Die von v. Mises aus der Gestaltänderungsenergiehypothese abgeleitete Fließbedingung berücksichtigt dagegen alle drei Hauptnormalspannungen in der Beziehung

$$\sigma_v = k_f = \sqrt{\frac{1}{2} [(\sigma_1-\sigma_2)^2 + (\sigma_2-\sigma_3)^2 + (\sigma_1-\sigma_3)^2]} . \tag{4}$$

Vergleicht man die Ergebnisse dieser beiden Hypothesen, so stellt man fest, daß nach der Gleichung von Tresca etwas größere Werte für σ_v errechnet werden als nach jener von v. Mises, bis auf den Fall des einachsigen Spannungszustandes, für den die Ergebnisse beider Gleichungen identisch sind. Der größte Unterschied ergibt sich im Falle des ebenen Formänderungszustandes, wenn die mittlere Hauptspannung gleich dem Mittelwert der drei Hauptspannungen ist.

$$\sigma_2 = \sigma_m = \frac{1}{3} (\sigma_1+\sigma_2+\sigma_3) \text{ bzw. } \sigma_2 = \frac{1}{2} (\sigma_1+\sigma_3) . \tag{5}$$

Dann ist

$$\frac{\sigma_{v_{Tresca}}}{\sigma_{v_{v.Mises}}} = \frac{2}{\sqrt{3}} \approx 1,15. \tag{6}$$

Nach Versuchsergebnissen von Taylor und Quinney [15] werden die tatsächlichen Verhältnisse von der Formänderungsenergiehypothese besser angenähert als von der Schubspannungshypothese. Will man dennoch die einfacher zu handhabende Fließbedingung nach der Schubspannungshypothese anwenden, so kann sie zwecks Berücksichtigung der Größe der mittleren Hauptspannung mit einem Faktor korrigiert werden.

$$\sigma_v = c \cdot k_f = \sigma_1 - \sigma_3 \text{ mit } 1 \leq c \leq 1,15 \tag{7}$$

Für das Walzen von Flachquerschnitten mit einem Breiten-Höhen-Verhältnis über 5 kann mit genügender Genauigkeit c = 1,15 gesetzt werden.

2.2.1.3 Der Formänderungswiderstand

Bei allen Formgebungsverfahren mit unmittelbarer und mittelbarer Druckwirkung entstehen infolge der Reibung an den Preßflächen und der Schiebungen im Innern des Umformgutes Verluste, die sich in einem gegenüber reibungsfreier Umformung zum Teil erheblich höheren, notwendigen Kraft- und Energiebedarf bemerkbar machen. Beim reibungslosen Stauchen zwischen ebenen Preßflächen liegt ein einachsiger Spannungszustand vor. Im Realfall wird sich infolge der Reibspannungen an den Preßflächen im Umformgut ein mehrachsiger Spannungszustand ausbilden, der durch den elementaren Ansatz

$$\frac{d\,(\sigma_1 \cdot h)}{dx} = 2 \cdot \mu \cdot \sigma_3 \qquad (8)$$

beschrieben wird (Abb. 3). Dabei ist schon die Voraussetzung gemacht, daß die vertikale Druckspannung σ_3 und die horizontale Druckspannung σ_1 (der sogenannte Fließwiderstand) über der Probenhöhe konstant bleiben. Die Fließbedingung, die für den einachsigen Spannungszustand lautet:

$$0 - \sigma_3 = ck_f, \quad \text{also: } - \sigma_3 = ck_f, \qquad (9)$$

nimmt für den reibungsbehafteten Stauchvorgang die Form

$$\sigma_1 - \sigma_3 = ck_f \qquad (10)$$

an, woraus sich die erforderliche vertikale Druckspannung zu

$$\sigma_3 = - ck_f + \sigma_1 \qquad (11)$$

ergibt.

Der Betrag der negativen Druckspannung σ_3 wird Formänderungswiderstand genannt. Er ist gleich der Summe aus der c-fachen Formänderungsfestigkeit und dem Betrag des Fließwiderstandes.

$$\left|\sigma_3\right| = k_w = ck_f - \sigma_1 = ck_f + \left|\sigma_1\right|. \qquad (12)$$

Setzt man die Fließbedingung (10) in die Differentialgleichung (8) ein, so lautet diese:

$$\frac{d\,(\sigma_1 \cdot h)}{dx} = 2\,\mu \cdot (\sigma_1 - ck_f)$$

bzw.:

$$\frac{d\sigma_1}{\sigma_1 - ck_f} = \frac{2\mu}{h} \cdot dx \qquad (13)$$

Mit der Randbedingung $\sigma_1 = 0$ bei $x = 0$ erhält man die Lösung für den Fließwiderstand

$$\sigma_1 = - ck_f \, (e^{\frac{2\,\mu}{h} \cdot x} - 1), \qquad (14)$$

und aus der Fließbedingung folgt für die vertikale Druckspannung

$$\sigma_3 = - ck_f \cdot e^{\frac{2\mu}{h} \cdot x}. \qquad (15)$$

Unter der Voraussetzung, daß die vertikale Druckspannung $|\sigma_3|$ nicht wesentlich von der Formänderungsfestigkeit k_f abweicht, konnte Siebel [6] die Differentialgleichung vereinfachen. Das Gleichgewicht am Streifenelement lautet dann:

$$d(\sigma_1 \cdot h) = - 2 \mu \cdot k_f \cdot dx, \qquad (16)$$

woraus sich der Fließwiderstand errechnen läßt zu:

$$\sigma_1 = - 2 \mu \cdot k_f \cdot \frac{x}{h}. \qquad (17)$$

Für die Übertragung auf den Walzvorgang schlägt Siebel [6] das Gedankenmodell der schräg gestellten Preßflächen vor und erhält die Gleichung

$$d(\sigma_1 \cdot h) = - 2(\mu \pm \tan \alpha) \cdot k_f \cdot dx, \qquad (18)$$

in welcher der Winkel α mit x veränderlich ist und die beiden Vorzeichen für die Bereiche vor und hinter der Fließscheide gültig sind. Ganz abgesehen davon, daß die Differentialgleichung (18) nicht ohne weiteres zu lösen ist (Siebel empfiehlt ein graphisches Lösungsverfahren), hält die Voraussetzung von Siebel ($|\sigma_3| = k_f$) in den meisten Fällen den an das Rechenergebnis gestellten Anforderungen nicht stand. Wenn die Größe des Fließwiderstandes überhaupt von Bedeutung ist, dann ist die Voraussetzung ($k_f = k_w$) widersprüchlich. Hinzu kommt die Unsicherheit bei der Abschätzung des Reibungskoeffizienten, wodurch das Ergebnis einer solchen Rechnung noch fragwürdiger wird.

Die Problematik bei der rechnerischen Bestimmung des Formänderungswiderstandes gab Anlaß zu Versuchen, diesen experimentell zu ermitteln. Für das Warm-Walzen sind in [16] eine Vielzahl von Versuchsergebnissen aus Untersuchungen von Siebel, Pomp, Wallquist, Lampmann, Völkening, Lueg, Weddige, Emicke und Lucas zusammengetragen. Mit der Stichabnahme und der Verformungstemperatur als Parameter ist dort der Formänderungswiderstand über dem Dickenverhältnis h_1/d für verschiedene Werkstoffe dargestellt. Der beim Warm-Walzen erhebliche Einfluß der auf den Walzendurchmesser bezogenen Walzgeschwindigkeit wird durch einen Beiwert gesondert berücksichtigt.

2.2.1.4 Der Formänderungswirkungsgrad

Beim Kaltwalzen ist der Formänderungswiderstand infolge der Kaltverfestigung zusätzlich noch von der Größe des Umformgrades abhängig, was seine Darstellung durch das Auftreten eines weiteren Parameters erschwert. Erst indem man den Formänderungswiderstand auf die Formänderungsfestigkeit bezieht, ist der Verfestigungseinfluß eliminiert. Mit Hilfe der bekannten Finkschen

Formel [17] für die Formänderungsarbeit bei plastischer Verformung läßt sich leicht nachweisen, daß das Verhältnis k_w/k_f gleich dem Reziprokwert des Formänderungswirkungsgrades ist.

$$W_{id} = V \cdot k_{fm} \cdot \varphi_h; \qquad (19)$$

bzw.

$$W = V \cdot k_{wm} \cdot \varphi_h; \qquad (20)$$

dabei bedeuten:

- W_{id} = Formänderungsarbeit bei verlustloser Umformung,
- W = Formänderungsarbeit bei verlustbehafteter Umformung,
- V = Volumen des plastisch verformten Körpers,
- φ_h = größte der drei logarithmischen Hauptformänderungen, beim Walzen mit positiver Breitung gleich ln (h_1/h_0).

Laut Definition ist der Formänderungswirkungsgrad gleich dem Verhältnis aus ideeller und realer Formänderungsarbeit.

$$\eta_f = \frac{W_{id}}{W} = \frac{V \cdot k_{fm} \cdot \varphi_h}{V \cdot k_{wm} \cdot \varphi_h} = \frac{k_{fm}}{k_{wm}}. \qquad (21)$$

Bei Berücksichtigung der mittleren Hauptspannung σ_2 in der Fließbedingung nach Tresca lautet Gl. (21) dann:

$$\eta_f = \frac{ck_{fm}}{k_{wm}}. \qquad (22)$$

Es sei hier schon vorausgeschickt, daß Gl. (22) als Definition des Formänderungswirkungsgrades nur beim Walzen ohne äußeren Längszug angewandt werden darf (siehe Abschnitt 2.2.3).

Liegt die Fließkurve des Versuchswerkstoffes vor, so kann man nun bei Kenntnis des Formänderungswirkungsgrades die Walzkraft errechnen, wenn man die Gl. (1) und (22) koppelt:

$$P = F_d \cdot \frac{ck_{fm}}{\eta_f} = b_m \cdot \sqrt{R \cdot (h_0 - h_1)} \cdot \frac{ck_{fm}}{\eta_f} \qquad (23)$$

2.2.1.5 Die elastische Verformung der Walzen

Während die Walzendurchbiegung nur einen unbedeutenden Einfluß auf die Größe der gedrückten Fläche F_d ausübt, ist eine andere Erscheinung, nämlich die Abplattung der Walzen im Bereich der gedrückten Fläche, u.U. von großer Bedeutung für die Genauigkeit der Walzkraftbestimmung. Der Berührungsbogen zwischen Walze und Walzgut, dessen Länge l_d bei ideal starren Walzen durch die Gl. (2) mit hinreichender Genauigkeit ausgedrückt wird, vergrößert sich infolge der elastischen Verformung der Walzen auf l_d'. Setzt man voraus, daß der tatsächliche Berührungsbogen wieder eine Kreisform (mit dem Radius R') annimmt, so gilt für die Länge l_d' analog Gl. (2):

$$l_d' = \sqrt{R' \cdot (h_0 - h_1)}. \qquad (24)$$

Die Elastizitätstheorie liefert zu diesem Problem eine Lösung [18], welche die örtliche Walzenverformung - und damit den Verlauf des Berührungsbogens - in Abhängigkeit von der Druckverteilung und damit auch von der Walzkraft angibt, die andererseits unter Berücksichtigung der Walzenabplattung erst berechnet werden soll. Dieses Vorgehen erfordert eine aufwendige iterative Berechnung von Druckverteilung und Kontaktbogen.

Trinks und Hitchcock [19] brachten dieses Verfahren einer praktischen Anwendung näher, indem sie - wie vor ihnen schon Prescott [20] - eine elliptische Druckverteilung annahmen. Die Folge dieser Annahme ist ein wiederum kreisförmiger Berührungsbogen der abgeplatteten Walze mit dem Radius

$$R' = R \cdot [1 + C \cdot \frac{P}{b \cdot (h_0 - h_1)}]; \qquad (25)$$

dabei ist

$$C = \frac{16}{\pi} \frac{1-\nu^2}{E} \qquad (26)$$

eine Konstante, die nur vom Elastizitätsmodul E und der Querdehnungszahl ν des Walzenwerkstoffes abhängt. Diese Konstante erscheint schon in den Abhandlungen von Hertz [21] über die Größe der Kontaktfläche zweier sich elastisch berührender Zylinder mit parallelen Achsen.

Auch die Anwendung der Gl. (25) erfordert bei der Walzkraftberechnung ein iteratives Vorgehen: Zunächst wird die Walzkraft mittels Gl. (23) berechnet, daraus der Radius R' nach Gl. (25), der nun - in Gl. (23) eingesetzt - eine höhere Walzkraft ergibt. Das Verfahren wird so lange fortgesetzt, bis die Abweichung zweier nacheinander errechneter Walzkräfte unbedeutend ist. Bland und Ford [22] haben die Gl. (25) für verschiedene Walzenwerkstoffe in einem Diagramm dargestellt [16], dessen Benutzung das iterative Berechnungsverfahren erleichtern soll (Abb. 4).

Um eine möglichst exakte Beschreibung der elastischen Walzenverformung bemühten sich in letzter Zeit Hollmann [10] und Köller [11]. Ausgehend von der Airyschen Spannungsfunktion [23] versuchen sie, die von Föppl [24] hergeleitete Beziehung für die Verschiebung des Randes einer unendlich ausgedehnten Halbebene unter einer Einzellast auf die Verhältnisse bei der elastischen Walzenabplattung zu übertragen. Sie umgehen die zur Integration notwendige Approximation der Druckverteilungslinie durch ein Polynom, indem sie die Fläche unter der Drucklinie in Rechtecke unterteilen und die Integration durch eine Summation ersetzen. Diese Maßnahme wird begründet mit dem Hinweis auf die Schwierigkeiten bei der binomischen Entwicklung des Ersatzpolynoms. Der bei dieser Näherung gemachte Fehler ist von der Breite der Rechtecke abhängig. Die Anwendung dieser Berechnungsmethode ist praktisch nur unter Einsatz von Elektronenrechnern möglich.

Jortner, Osterle und Zorowski [25] sowie Zorowski und Weinstein [26] entwickelten aus der Theorie von Orowan [27] sowie der Annahme, daß sich die Form des Berührungsbogens aus dem Gleichgewicht zwischen den elastischen Verformungen der Walze und den plastischen Verformungen des Walzgutes ergibt, eine Beziehung, mit der bei gleichzeitiger Verwendung der Airyschen Spannungsfunktion [23] Druckverteilung und Form des Kontaktbogens im Walzspalt iterativ berechnet werden können. Die angegebenen Gleichungen haben - streng genommen - nur Gültigkeit für diametral symmetrisch belastete Arbeitswalzen: ein Belastungsfall, der nur auftritt, wenn zwischen drei Walzen zwei Bänder gewalzt werden und dann auch nur für die mittlere Walze.

Die für praktische Berechnungen gebräuchlichste Methode zur Berücksichtigung der Walzenabplattung ist jene von Trinks und Hitchcock [19], die auch für das hier angegebene Verfahren der Walzkraftbestimmung empfohlen wird. Jedoch sollte man sich der Grenzen ihrer Anwendbarkeit bewußt sein, die vor allem beim Walzen dünner Folien schnell erreicht sind. Orowan [27] ermittelte durch Messungen an gewalzten "Steckern", Form und Größe des Kontaktbogens, die in [18] mit den nach [19] errechneten verglichen wurden. Danach konnte in zwei von drei untersuchten Walzfällen eine gute Übereinstimmung festgestellt werden, wobei das Verhältnis R'/R die Größe 1,5 bzw. 1,6 annahm. Beim dritten Fall mit einem nach [19] errechneten R'/R = 4 wich die Form der gemessenen Kontaktlinie derart von jener einer Kreisbahn ab, daß im Bereich der Fließscheide der Berührungsbogen waagerecht verlief. (Abb. 5a), so daß er für diesen Fall von Orowan durch zwei Kreisbögen gemäß Abb. 5b angenähert wurde. Der Fehler bei der Bestimmung der gedrückten Länge $l_d' = \sqrt{R' \cdot (h_0 - h_1)}$ dürfte jedoch unerheblich sein.

Lippmann und Mahrenholtz [28] kommen aufgrund einer theoretischen Untersuchung von Bland [29] zu der Auffassung, daß der Fehler in der Hitchcockschen Formel (25) bis zu einem Verhältnis R'/R = 2 vertretbar ist. Bis zu dieser Größe von R'/R vergleicht auch Köller [11] die Ergebnisse der Gl. (25) mit den nach seiner Methode errechneten. Er stellt dabei fest, daß der Reibungskoeffizient und die Stichabnahme die Genauigkeit der Gl. (25) kaum beeinträchtigen, wohl aber die äußeren Längszüge, die einen Fehler von - 10 % bis + 20 % bewirken können. Zusammenfassend kommt er zu dem Schluß, daß "die Ersatz-Radien R' nach [19] nicht so ungenau sind, wie oft angenommen wird".

Pawelski und Schröder [30] gelingt es, mittels eines in eine Arbeitswalze eingebauten induktiven Wegaufnehmers die Abplattung in radialer Richtung während des Walzens zu messen. Sie ermitteln daraus die gedrückte Länge [31] und vergleichen sie mit der nach Hitchcock berechneten. Dabei beobachten sie, daß die berechneten Werte stets größer als die Meßwerte sind, wobei sich jedoch der Unterschied mit wachsender Banddicke verliert.

Schon bei einer Banddicke von 0,6 mm beträgt die Abweichung nur noch 2,5 %.

2.2.2 Die Lösungsversuche

Aus der Vielfalt der vorliegenden Berechnungsverfahren sollen hier nur einige herausgegriffen werden, um an ihnen die Bemühungen um eine Berücksichtigung möglichst aller Einflußfaktoren bei einer weitgehend einfachen Walzkraftformel aufzuzeigen. Die Verfahren laufen ausnahmslos auf eine Bestimmung des Formänderungswirkungsgrades hinaus, wobei Gl. (23) - meist unter Berücksichtigung der Walzenabplattung - zur Walzkraftbestimmung herangezogen wird.

Ekelund [32] gibt für die Walzkraft eine wegen ihrer Einfachheit lange Zeit benutzte Gleichung an:

$$P = 1{,}15\ k_{fm} \cdot b_m \cdot \sqrt{R \cdot (h_0-h_1)} \cdot \left[1 + \frac{1{,}6 \cdot \mu \cdot \sqrt{R \cdot (h_0-h_1)} - 1{,}2\,(h_0-h_1)}{h_0+h_1}\right] \tag{27}$$

Bei der Gegenüberstellung der Gl. (27) und (23) sieht man sofort, daß es sich bei dem Klammerausdruck in Gl. (27) um den Kehrwert des Formänderungswirkungsgrades handelt:

$$\frac{1}{\eta_f} = 1 + \frac{1{,}6 \cdot \mu \cdot \sqrt{R \cdot (h_0-h_1)} - 1{,}2\,(h_0-h_1)}{h_0+h_1}, \tag{28}$$

der eine Funktion der Walzspaltgeometrie und der Reibung ist. Der Reibbeiwert μ muß dabei geschätzt werden.

Auch in der Formel von Bland und Ford [33] kann der Formänderungswirkungsgrad nur bei Kenntnis des Reibbeiwertes μ ermittelt werden. Ausgehend von der Orowanschen Theorie [27], die sie weitgehend vereinfachen, schlagen sie eine Berechnung der Walzkraft nach der Gleichung

$$P = 1{,}15\ k_{fm} \cdot b_m \cdot \sqrt{R' \cdot (h_0-h_1)} \cdot f_1 \tag{29}$$

vor, wobei die Größe f_1 $\left(= \frac{1}{\eta_f}\right)$ eine komplizierte Funktion von $\mu \cdot \sqrt{R'/h_1}$ und ε ist. Da der nach Gl. (25) zu berechnende Ersatzradius R' jedoch von der Walzkraft abhängt, ist auch hierbei wieder ein iteratives Vorgehen notwendig.

Zelikow [34] benutzt die v. Karmansche Differentialgleichung [5], deren Lösung er dadurch erleichtert, daß er den infolge elastischer Walzenabplattung ohnehin nicht kreisförmigen Berührungsbogen durch eine Sehne ersetzt. Den so errechneten spezifischen Druck p(x) integriert er über der gedrückten Fläche nach der Gleichung

$$P^{\cdot} = b_m \cdot [\int_0^{x_F} p(x) \cdot (\cos\varphi + \mu \cdot \sin\varphi) \cdot \frac{dx}{\cos\varphi} +$$

$$+ \int_{x_F}^{l_d} p(x) \cdot (\cos\varphi - \mu \cdot \sin\varphi) \cdot \frac{dx}{\cos\varphi}]$$

bzw.

$$P = b_m \cdot [\int_0^{x_F} p(x) \cdot (1 + \mu \cdot \tan\varphi) \cdot dx +$$

$$+ \int_{x_F}^{l_d} p(x) \cdot (1 - \mu \cdot \tan\varphi) \cdot dx] , \qquad (30)$$

wobei er das Glied $\mu \cdot \tan\varphi$ in den Klammerausdrücken vernachlässigt und für die Walzkraft den einfachen Ausdruck erhält:

$$P = b_m \cdot \int_0^{l_d} p(x) \cdot dx. \qquad (31)$$

Einige weitere Annahmen und Einschränkungen führen dann schließlich auf die doch noch relativ umfangreiche Beziehung

$$P=1{,}15\ k_{fm} \cdot b_m \cdot \sqrt{R \cdot (h_0 - h_1)}\ \{[\ (\frac{h_F}{h_1})^{\delta} - 1]\ \frac{h_F}{h_0 - h_1}\ (\delta - 1)\}; \qquad (32)$$

darin ist:

$$\delta = 2\ \mu \cdot \sqrt{\frac{R}{h_0 - h_1}};$$

und

$$h_F = h_1 \cdot \left[\frac{1 + \sqrt{1 + (\delta^2 - 1) \cdot (\frac{h_0}{h_1})^{\delta}}}{\delta + 1}\right]^{\frac{1}{\delta}}$$ = Walzguthöhe an der Fließscheide.

Der Kehrwert des Ausdruckes in der geschweiften Klammer der Gl. (32) ist wiederum gleichbedeutend mit dem Formänderungswirkungsgrad. Neben der Unsicherheit infolge der vielen in ihrer Wirkung unüberschaubaren Vereinfachungen bei ihrer Herleitung ist der Gebrauch der Gl. (32) umständlich und zeitraubend.

Geleji [35] entwickelte für den Formänderungswirkungsgrad die Formel

$$\frac{1}{\eta_f} = 1 + C_G \cdot \mu \cdot \frac{l_d}{h_m} \cdot \sqrt[4]{v} \; ; \qquad (33)$$

hierin bedeuten:

C_G: ein von der Größe l_d/h_m abhängiger Koeffizient, der entweder einem Schaubild entnommen oder mit drei (für drei verschiedene l_d/h_m-Bereiche gültige) Formeln berechnet wird;

μ: die "Effektivreibungszahl", die aus Walzversuchen mittels Gl. (33) ermittelt werden muß;

v: die Walzgeschwindigkeit in m/s.

Geleji schreibt für die Benutzung der Gl. (33) die Berücksichtigung der Walzenabplattung vor, die er nach einer eigenen, sehr langwierigen Berechnungsmethode ermittelt [35].

Die bisher besprochenen Verfahren sind alle darauf angewiesen, den Formänderungswirkungsgrad als Funktion des Reibbeiwertes μ zu errechnen, wobei es dem Praktiker überlassen bleibt, μ abzuschätzen. Geleji [35] hat den mit seiner Gleichung aus Versuchsdaten errechneten Reibbeiwert über der Walzgeschwindigkeit für den ersten, zweiten, dritten und vierten Stich dargestellt, womit er den Einfluß der jeweiligen, durch Vorverformung erhöhten Walzguthärte auf die Reibzahl erklären will (Abb. 6). Es ist jedoch fraglich, ob der Anstieg des Reibbeiwertes nach jedem Stich nicht auch eine Folge der veränderten Oberflächenstruktur des Walzgutes sein kann. Geleji kommt zu der Auffassung, daß "der mittlere Reibungskoeffizient nur indirekt aus dem Verformungswiderstand ermittelt werden kann; die Reibzahlen, die mit den sogenannten direkten Versuchsmethoden ermittelt wurden, sind mit den mittleren Reibungszahlen der Walzung nicht identisch". Diese Aussage wurde von Niederstein [36] in einem eindrucksvollen Beispiel bekräftigt: Beim Walzen eines Bandes aus SM-Stahl mit Ölschmierung wurde die Walzkraft bei einem angenommenen Reibbeiwert von μ = 0,05 um 40 % zu niedrig und bei μ = 0,15 noch um 20 % zu niedrig berechnet, wenn das Verfahren von Bland und Ford [33] angewandt wurde. Erst bei noch größeren geschätzten Reibbeiwerten hätte man mit der Rechnung die gemessene Walzkraft bestätigt. Die Ekelundsche Formel [32] lieferte ein noch widersprüchlicheres Ergebnis: Für einen Reibbeiwert von μ = 0,05 errechnete sich mit Gl. (27) für den Formänderungswirkungsgrad der unmögliche Wert η_f = 1,1; und für μ = 0,15 ergab sich η_f = 0,86; der tatsächliche Formänderungswirkungsgrad η_f = 1,15 k_{fm}/k_{wm} lag jedoch nur bei 0,63; lediglich ein noch größerer, nicht mehr zu vertretender Reibbeiwert μ hätte in der Ekelundschen Formel das richtige Ergebnis geliefert. Ähnliche Beispiele ließen sich beliebig fortsetzen.

Aus den erwähnten Betrachtungen wird ersichtlich, daß es unzweckmäßig ist, μ als Reibbeiwert im physikalischen Sinne zu betrachten und als geschätzten Wert in die jeweilige Gleichung einzusetzen. Vielmehr ist - wie Geleji dies schon betonte - die sogenannte Effektivreibungszahl zunächst mittels der zur Verfügung stehenden Walzkraftgleichung aus vorhergegangenen Walzversuchen zu ermitteln. Aber auch dieses Vorgehen bietet keine hinreichende Gewähr für die Ermittlung eines "sicheren" Reibbeiwertes. Dieser ist nämlich nicht nur verfahrensabhängig, sondern durch das Vorgehen bei seiner Ermittlung auch als ein Korrekturfaktor zu betrachten, der die Unzulänglichkeiten der betreffenden Walzkraftgleichung auffängt. Infolgedessen kann er sich z.B. bei geringfügiger Variation der Walzspaltgeometrie schon ändern.

Ähnliche Überlegungen mögen wohl dahin geführt haben, sich von der auf die Kenntnis des Reibbeiwertes stützenden Berechnung des Formänderungswirkungsgrades zu trennen.

Siebel war der erste, der aus den Versuchsdaten einiger namhafter Forscher ein Diagramm entwickelte, in dem der Formänderungswirkungsgrad in Abhängigkeit von der Walzspaltgeometrie innerhalb zweier Grenzkurven für den Walzbetrieb mit und ohne Schmierung dargestellt ist (Abb. 7) [16]. Dieses Verfahren fand wegen seiner Einfachheit in der Praxis viele Anhänger, ist jedoch bei etwas höheren Genauigkeitsanforderungen nicht mehr zuverlässig. Auch hierbei muß, wenn schon nicht der Reibbeiwert direkt, so doch der Einfluß der Schmierung abgeschätzt werden, was unter Umständen Schwierigkeiten bereitet. Das Diagramm (Abb. 7) ist für Walzgeschwindigkeiten von 1,5 bis 6 m/min aufgestellt. Aufgrund der Feststellungen von Billigmann und Pomp [37] hat aber die Walzgeschwindigkeit einen erheblichen Einfluß auf die Reibungsverluste und damit auf den Formänderungswirkungsgrad. Darüber hinaus ist das von Siebel [16] benutzte Dickenverhältnis h_1/d für eine ausreichende Beschreibung der Walzspaltgeometrie nicht geeignet, weil die Größe der Stichabnahme darin unberücksichtigt bleibt. Der gleiche Wert von h_1/d kann sowohl bei großer Ausgangsdicke und großer Stichabnahme als auch bei kleiner Ausgangsdicke und entsprechend kleinerer Stichabnahme verwirklicht werden. In beiden Fällen stellt sich aber nachweislich nicht der gleiche Formänderungswirkungsgrad ein.

In einer früheren Arbeit [38] wurden die von Strandell und Leufven [39] für das Kalt-Walzen ohne Längszug angegebenen k_v-Werte (Abb. 8)$^+$ umgerechnet in η_f-Werte und diese in das Diagramm von Siebel eingetragen (Abb. 9). Obwohl bei den Versuchen konstante Schmierverhältnisse (Ölschmierung) vorlagen, wird mit den daraus errechneten η_f-Werten in Abb. 9 der gesamte von Siebel zwischen den Grenzkurven mit und ohne Schmierung angegebene Bereich überstrichen. Man erkennt deutlich den Einfluß der Stichabnahme, der mit steigendem Dickenverhältnis h_1/d zunimmt.

2.2.3 Die Berücksichtigung der Längszüge

Die zur bildsamen Umformung erforderliche Energie ist von zusätzlichen äußeren Zug- oder Druckkräften abhängig. Sie nimmt mit zunehmenden Zugkräften ab und nähert sich bei $\sigma_1 = k_f$ der bei einachsiger Zugspannung erforderlichen Umformarbeit [40 bis 42]. Diese Erscheinung ist darauf zurückzuführen, daß die Längszugkräfte einen Teil der Umformarbeit verlustlos übernehmen. Die dann noch von dem eigentlichen Umformwerkzeug (z.B. den Walzen)

$^+$Die Werte für $k_v = P/(2\ R \cdot b_m)$ wurden von Strandell und Leufven [37] in Abhängigkeit von h_1/D, der Stichabnahme r und der Vorverformung r_1 beim Kalt-Walzen mit Schmierung ermittelt (h_1 = Band-Ausgangsdicke).

zu leistende Arbeit wird infolgedessen geringer und damit auch die dabei auftretenden Verluste, so daß der Formänderungswirkungsgrad unter dem Einfluß von Längszügen erhöht wird.

Anhand der Finkschen Formel [17] kann man den Formänderungswirkungsgrad leicht herleiten, wie dies in Abschnitt 2.2.1.4 für das Walzen ohne Längszug schon geschah. Der ideelle Arbeitsbedarf ist vom Umformverfahren unabhängig und nur eine Funktion der mittleren Formänderungsfestigkeit, der größten logarithmischen Hauptformänderung und des Spannungszustandes. Für das Walzen mit Längszug gilt dann

$$W_{id} = V \cdot \sigma_{hmid} \cdot \varphi_h + V \cdot \sigma_{lm} \cdot \varphi_h \tag{34}$$

σ_{hmid} ist die mittlere ideelle Druckspannung im Walzspalt und ergibt sich aus der Fließbedingung

$$\sigma_{lm} - \sigma_{hmid} = ck_{fm} \tag{35}$$

zu

$$\sigma_{hmid} = - ck_{fm} + \sigma_{lm}, \text{ bzw. } |\sigma_{hmid}| = ck_{fm} - \sigma_{lm}. \tag{36}$$

σ_{lm} ist die mittlere äußere Längszugspannung und aus den Spannungen σ_{l0} und σ_{l1} vor bzw. hinter dem Walzspalt noch näher zu definieren (siehe Abschnitt 3.3.5).

In Gl. (34) ist zunächst der Absolutwert von σ_{hmid} einzusetzen. Die Arbeit ist dann positiv, wenn die Richtungen von Spannung und Werkstoffbewegung gleichsinnig sind.

$$W_{id} = V\cdot(ck_{fm}-\sigma_{lm})\cdot\varphi_h+V\cdot\sigma_{lm}\cdot\varphi_h = V\cdot ck_{fm}\cdot\varphi_h \tag{37}$$

Für die reale Umformarbeit ergibt sich analog dazu der Ausdruck

$$W = V\cdot k_{wm}\cdot\varphi_h+V\cdot\sigma_{lm}\cdot\varphi_h = V\cdot(k_{wm}+\sigma_{lm})\cdot\varphi_h \tag{38}$$

und nach Gl. (21) für den Formänderungswirkungsgrad

$$\eta_f = \frac{W_{id}}{W} = \frac{V\cdot ck_{fm}\cdot\varphi_h}{V\cdot(k_{wm}+\sigma_{lm})\cdot\varphi_h} = \frac{ck_{fm}}{k_{wm}+\sigma_{lm}} \tag{39}$$

Es wurde schon erwähnt, daß dieser Wirkungsgrad größere Werte annimmt als ein solcher für einen Walzfall ohne Längszug bei sonst gleichen Bedingungen. Da aber für das Walzen mit Längszug entsprechende Angaben fehlen, behilft man sich oft mit der Annahme, daß der Wirkungsgrad durch die Längszüge nicht beeinflußt wird und berücksichtigt lediglich den infolge des Längszuges veränderten Spannungszustand. Das sieht dann so aus, daß in Gl. (21) k_{fm} bzw. ck_{fm} durch $ck_{fm} - \sigma_{1m}$ ersetzt wird, wodurch der Formänderungswirkungsgrad scheinbar die Größe

$$\eta_f = \frac{ck_{fm} - \sigma_{1m}}{k_{wm}} \tag{40}$$

annimmt. Diese Gleichung wird nach

$$k_{wm} = \frac{ck_{fm} - \sigma_{1m}}{\eta_f} \tag{41}$$

umgestellt und η_f Diagrammen und Tabellen für das Walzen ohne Längszug entnommen.

Lueg und Schultze [43] versuchten erstmals, den Einfluß der Bandzüge auf die Walzkraft systematisch experimentell zu ermitteln. Auf einem 12-Rollen-Kaltwalzgerüst mit 10 mm Arbeitswalzendurchmesser walzten sie eine Tiefziehqualität mit den Abmessungen b x h = 15 x 0,5 mm. Sie stellten dabei neben der von der Theorie vorausgesagten Walzkrafterniedrigung fest, daß mit zunehmender Stichabnahme eine Verringerung des Vorwärtszug-Einflusses und ein Anstieg des Rückwärtszug-Einflusses auf die Größe des Formänderungswiderstandes auftritt. Lueg und Greiner [44] konnten die von [43] mitgeteilten Ergebnisse durch eigene Versuche am gleichen Walzgerüst im wesentlichen bestätigen. Darüber hinaus wurde von ihnen eine (von den vorgelegenen Versuchsbedingungen abhängige) Walzkraftgleichung entwickelt, in der Vorwärts- und Rückwärtszug getrennt berücksichtigt werden:

$$\frac{P}{b_m} = \sqrt{R \cdot (h_0 - h_1)} \cdot \frac{k_{fm}}{\eta_f} - \nu \cdot \sigma_{10} \cdot \delta - \omega \cdot \sigma_{11} . \tag{42}$$

Die Faktoren ν und ω wurden aus den Steigungen der über σ_{10} bzw. σ_{11} aufgetragenen Walzdrucklinien P/b ermittelt und hatten die Größen ν = 0,02 mm und ω = 0,3 mm. δ ist die prozentuale Stichabnahme. Setzt man sie als Dezimalbruch mit der Bezeichnung ε ein, so wird aus der Gl. (42) mit den genannten Größen für ν und ω

$$\frac{P}{b_m} = \sqrt{R \cdot (h_0 - h_1)} \cdot \frac{k_{fm}}{\eta_f} - (2 \cdot \varepsilon \cdot \sigma_{10} + 0{,}3 \cdot \sigma_{11}) . \tag{43}$$

Hierin kommt der größere Einfluß von σ_{10} gegenüber σ_{11} deutlich zum Ausdruck, ebenso die Abhängigkeit des Rückwärtszug-Einflusses von der Größe der Stichabnahme. Die Gleichung berücksichtigt jedoch nicht die Abhängigkeit des Formänderungswirkungsgrades von den Längszügen. η_f wird hier sogar als das Verhältnis $\frac{k_{fm}}{k_{wm}}$ definiert, was aufgrund der vorhergehenden Ausführungen unzulässig ist. Wiesner [45] bemängelt die von [44] angegebene Gleichung und schlägt in Anlehnung an sie eine seiner Ansicht nach den gemessenen Ergebnissen besser angepaßte Gleichung für den mittleren Formänderungswiderstand vor:

$$k_{wm} = \frac{k_{fm}}{\eta_f} - [\sigma_{10} \cdot m \cdot (0{,}3+\varepsilon) + \sigma_{11} \cdot n \cdot (1-\varepsilon)] \, . \tag{44}$$

Die beiden Faktoren m (= 2) und n (= 0,6) sind jedoch ebenfalls wieder nur für die Walzbedingungen gültig, die bei den Versuchen vorlagen. Im Unterschied zu Lueg und Greiner [44] schenkt er in seiner Gleichung noch einer weiteren Feststellung von Lueg und Schultze [43] Beachtung, nämlich der Verringerung des Vorwärtszug-Einflusses mit größer werdender Stichabnahme. Die Ungereimtheiten bezüglich des Formänderungswirkungsgrades sind jedoch auch in seiner Gl. (44) nicht ausgeräumt. Nach Ansicht von Niederstein [36] hat sich ein anderes Verfahren in der Praxis besser bewährt, nämlich das von Hessenberg und Sims [46]. Hierbei wird eine reduzierte mittlere Formänderungsfestigkeit definiert, die den Einfluß der Längszugspannungen berücksichtigt.

$$k_{fmv} = c k_{fm} - \sigma_{10} - \frac{\beta}{\alpha} (\sigma_{11} - \sigma_{10}) \tag{45}$$

β ist der Fließscheidenwinkel und α der Greifwinkel. Mit der schon bekannten Beziehung

$$k_{wm} = \frac{k_{fmv}}{\eta_f} \tag{46}$$

wird dann in der üblichen Weise weitergerechnet. Diesem Vorgehen liegen die Überlegungen zugrunde, die schon zu der Gl. (41) führten, wobei σ_{1m} durch den Ausdruck
$\sigma_{10} - \frac{\beta}{\alpha} (\sigma_{11} - \sigma_{10})$ ersetzt werden kann. Die Problematik dieses Vorgehens wurde bereits erläutert.

Eine Vereinfachung des Verfahrens nach [46] findet man bei M. Vater [47], der den Fließscheidenwinkel dem halben Greifwinkel gleichsetzt, $\beta = \frac{\alpha}{2}$. Damit wird

$$k_{fmv} = c k_{fm} - \frac{\sigma_{10} + \sigma_{11}}{2} \tag{47}$$

und

$$P = b_m \cdot \sqrt{R \cdot (h_0 - h_1)} \cdot \left(c k_{fm} - \frac{\sigma_{10} + \sigma_{11}}{2}\right) \cdot \frac{1}{\eta_f} . \tag{48}$$

Neben den schon angedeuteten Unzulänglichkeiten dieser Gleichung bleibt nun auch noch die schon häufiger angesprochene größere Wirkung von σ_{10} gegenüber σ_{11} unberücksichtigt. Ebenso wird die in [43 bis 45] festgestellte Abhängigkeit von der Stichabnahme in der Gl. (45) ignoriert. Um den größeren Einfluß der Rückwärtszugspannung hervorzuheben, ist versucht worden, σ_{10} und σ_{11} in Gl. (47) mit unterschiedlichen Faktoren zu versehen. So schlägt Larke [48] in Anlehnung an (47) die Gleichung

$$k_{fmv} = ck_{fm} - \frac{2\sigma_{10} + \sigma_{11}}{3} \tag{49}$$

vor. Diese Methode führt jedoch unter Umständen nur zu einer scheinbar unterschiedlichen Bewertung von Vorwärts- und Rückwärtszugspannung. Z.B. ist bei $\sigma_{10} = \sigma_{11}$ die Größe der Faktoren ohne Einfluß auf den Mittelwert, wenn im Nenner des Bruches die Summe der beiden Faktoren von σ_{10} und σ_{11} steht.

Es ist nicht möglich, im Rahmen dieser Arbeit einen umfassenden Überblick aller Verfahren zur Walzkraftbestimmung zu geben. So wurde z.B. auf die Beschreibung einer von SKF [49] entwickelten, äußerst komplizierten Methode verzichtet, ebenso auf die Beschreibung der von Emicke [50] erstellten Nomogramme für die praktische Behandlung von Walzproblemen. Vielmehr sollte an einigen Beispielen das prinzipielle Vorgehen bei der Walzkraftbestimmung erläutert und anhand der Vielzahl der vorgeschlagenen Methoden die große Unsicherheit aufgezeigt werden, die auf diesem Gebiet immer noch herrscht.

3. Eigene Untersuchungen

3.1 Problemstellung

Die in Abschnitt 2 dieser Arbeit besprochenen Lösungsversuche weisen ohne Ausnahme ein gemeinsames Merkmal auf: das Bestreben, den Längszugeinfluß in eine für das längszugfreie Walzen entwickelte Walzkraftgleichung einzubeziehen. Da diese "Grundgleichung" für das längszugfreie Walzen jedoch stets in irgendeiner Form den Formänderungswirkungsgrad η_f enthält, treten bei der Einbeziehung der Längszüge immer dann Widersprüche auf, wenn für die Größe von η_f weiterhin der Wert ck_{fm}/k_{wm} eingesetzt wird. Der beim Walzen mit Längszug tatsächlich auftretende Formänderungswirkungsgrad dürfte jedoch wegen der Vielzahl der Kombinationsmöglichkeiten von σ_{10}, σ_{11} und ε kaum tabellarisch zu erfassen sein, so daß man - in der Hoffnung auf einen nicht zu großen Fehler - notgedrungen den für das längszugfreie Walzen gültigen Formänderungswirkungsgrad einsetzen muß. Die Ursache für diese prekäre Situation liegt letzten Endes darin, daß versucht wurde, die allgemeine Lösung eines Problems aus der Lösung eines Sonderfalles abzuleiten, ohne gleichzeitig die nur den Sonderfall kennzeichnenden Parameter zu verändern.

In diesem Punkt soll sich die hier vorgestellte Methode zur Walzkraftbestimmung grundsätzlich vom bisher üblichen Vorgehen unterscheiden. Konsequenterweise kann dann nicht mehr der Formänderungswirkungsgrad die entscheidende Größe bei der Walzkraftberechnung sein. Vielmehr muß nach einer "umformtechnischen Kenngröße" gesucht werden, deren Wert bei vorgegebener Walzspaltgeometrie und definierten Schmierbedingungen von der Anwesenheit äußerer Längszüge unabhängig ist.

3.2 Beschreibung des Verfahrens

Die im Abschnitt 2.2.2 dieser Arbeit gewonnenen Erkenntnisse bezüglich der Größe des Reibbeiwertes μ führten dazu, von einem Berechnungsverfahren abzusehen, das sich auf die Kenntnis des Reibbeiwertes stützt. Ein wie auch immer ermittelter Korrekturbeiwert (im allgemeinen mit μ bezeichnet) wird aller Wahrscheinlichkeit nach nicht für beliebige - den äußeren Erscheinungen nach unter gleichen Reibverhältnissen betriebene - Walzwerke zutreffen. Es sei in diesem Zusammenhang auf einen Vortrag von I. Piorko [51] hingewiesen, in dem er "jedes Walzwerk als Individuum betrachtet, dessen Eigenart sich vorzugsweise im Wert für den Formänderungswirkungsgrad niederschlägt". Er verzichtet auf eine Abschätzung des Reibbeiwertes oder des Formänderungswirkungsgrades und ermittelt in einer Reihe von Vorversuchen die für sein Berechnungsverfahren notwendigen Kenngrößen und Parameter direkt an dem in Frage kommenden Walzwerk. Dieses Vorgehen ist nur dann sinnvoll, wenn die benötigten Kenndaten in einfachen, schnell durchzuführenden Versuchen gewonnen werden können.

Auch bei der hier vorgeschlagenen Methode der Walzkraftermittlung soll so verfahren werden, daß das der Kombination Walzwerk - Walzgut - Schmiermittel anhaftende Reibverhalten zuvor am jeweiligen Walzwerk ermittelt wird.

Es besteht eine im Abschnitt 3.3 näher begründete Veranlassung zu der Annahme, daß es eine umformtechnische Kenngröße für das Kaltwalzen gibt, deren natürlicher Logarithmus eine geradlinige Abhängigkeit vom sogenannten Walzspaltverhältnis l_d/h_m aufweist. Das Reibungsverhalten wird durch die Steigung der Geraden gekennzeichnet. Diese Abhängigkeit kann durch mathematische Beziehungen oder in Diagrammen dargestellt werden und ist mit wenigen Walzversuchen - im Prinzip mit einem einzigen - für das jeweilige Reibverhalten des vorliegenden Walzwerkes in Verbindung mit dem Walzgutwerkstoff und den Schmierverhältnissen zu ermitteln.

Die oben genannte umformtechnische Kenngröße ist das Verhältnis $k_{wm}/(ck_{fm} - \sigma_{lm})$ und für den speziellen Fall des längszugfreien Walzens gleich dem auf ck_{fm} bezogenen Formänderungswiderstand. Liegt für ein bestimmtes Reibungsverhalten die erwähnte Funktion z.B. in Form eines Diagrammes nach Abb. 12 vor, so kann daraus die Walzkraft für einen vorgegebenen Walzfall wie folgt ermittelt werden: Aus dem Diagramm ist für das (mit dem Walzendurchmesser 2R, der Bandausgangsdicke h_0 und der gewünschten Stichabnahme ε) sich ergebende Walzspaltverhältnis l_d/h_m der Wert von $k_{wm}/(ck_{fm} - \sigma_{lm})$ als dimensionslose Größe abzulesen. Den Formänderungswiderstand erhält man durch Multiplikation dieser Größe mit der Differenz aus der c-fachen mittleren Formänderungsfestigkeit des Walzgut-Werkstoffes und der mittleren äußeren Längszugspannung. Für das Kaltwalzen von Band kann c = 1,15 gesetzt werden. Die gesuchte Walzkraft ist gleich dem Produkt aus Formänderungswiderstand k_{wm} und gedrückter Fläche F_d. Soll die Walzenabplattung berücksichtigt werden, dann muß dies auch bei der Erstellung des Diagramms geschehen, die wie folgt vorgenommen wird.

1. Walzen des vorliegenden Bandmaterials mit beliebiger Stichabnahme und beliebigen Längszügen (auch ohne Längszug). Die dabei herrschenden Schmierverhältnisse müssen jedoch auch später bei der Benutzung des Diagramms eingehalten werden.

2. Messung der bei 1. auftretenden Walzkraft und Feststellung der verwirklichten Stichabnahme.

3. Errechnung von l_d/h_m, k_{wm} (gegebenenfalls unter Berücksichtigung der Abplattung) und k_{wm}/ck_{fm} (Fließkurve des Walzgutmaterials muß vorliegen). Wenn bei 1. mit Längszug gewalzt wurde, ist das Verhältnis $k_{wm}/(ck_{fm} - \sigma_{lm})$ zu bestimmen.

4. Eintragen des Punktes $(l_d/h_m, k_{wm}/(ck_{fm} - \sigma_{lm}))$ in ein Diagramm mit logarithmischer Ordinate für $k_{wm}/(ck_{fm} - \sigma_{lm})$ und linearer Abszisse für l_d/h_m (siehe Abb. 12).

5. Zeichnen einer Geraden durch diesen Punkt und den Punkt (0,1) (Koordinatenschnittpunkt).

Im Interesse einer gesicherten Ermittlung der vorhandenen Abhängigkeit ist es zweckmäßig, die Gerade durch eine Schar von Punkten aus mehreren Versuchen zu legen.

3.3 Theoretische Grundlagen zum Verfahren

3.3.1 Die plastostatische Ähnlichkeit

In einem Beitrag zur Ähnlichkeitstheorie der Umformtechnik stellt Pawelski [52] eine dimensionslose Kenngröße für die "plastostatische Ähnlichkeit" vor:

$$K = \frac{P}{k_{fm} \cdot F}. \qquad (50)$$

Bei plastostatischer Ähnlichkeit zweier Walzvorgänge ist für beide der Quotient aus einer Kraft und dem Produkt der mittleren Formänderungsfestigkeit mit einer Fläche gleich groß.

$$K = \frac{P}{k_{fm} \cdot F} = \frac{\bar{P}}{\bar{k}_{fm} \cdot \bar{F}}$$

P und $\bar{P}$ bzw. F und $\bar{F}$ sind an sich beliebige, jedoch bei beiden Walzvorgängen sich entsprechende Kräfte bzw. Flächen. Für den Walzvorgang bieten sich die Walzkraft und die gedrückte Fläche als charakteristische Größen an. Plastostatische Ähnlichkeit kann aber nur vorliegen bei gleichzeitiger geometrischer Ähnlichkeit und der Randbedingung gleicher Reibungsverhältnisse. Die Geometrie der Umformzone ist, wenn man wieder dimensionslose

Größen verwenden will, beim Flachwalzen durch die Stichabnahme und das Verhältnis zweier charakteristischer Längen hinreichend gekennzeichnet (beim Kaliberwalzen ist stattdessen das Verhältnis zweier Flächen einzusetzen). Dieses Längenverhältnis (Flächenverhältnis) ist z.B. mit h_1/d oder l_d/h_m (bzw. F_d/F_m) gegeben. Die plastostatische Ähnlichkeitskenngröße ist also eine Funktion der Walzspaltgeometrie und der Reibung.

$$K = f(\text{Geom.}, \mu) \tag{51}$$

Gleichzeitig gilt:

$$K = \frac{P}{k_{fm} \cdot F_d} \quad \text{bzw.:} \quad K = \frac{P}{ck_{fm} \cdot F_d}$$

und mit Gl. (1):

$$K = \frac{k_{wm} \cdot F_d}{ck_{fm} \cdot F_d} = \frac{k_{wm}}{ck_{fm}}, \tag{52}$$

so daß schließlich aufgrund der Ähnlichkeitsbetrachtung

$$K = \frac{k_{wm}}{ck_{fm}} = f(\text{Geom.}, \mu) \tag{53}$$

eine dimensionslose, konstante Größe für geometrisch ähnliche Walzvorgänge mit gleichen Reibverhältnissen ist. Für längszugfreies Walzen ist diese Größe gleich dem Kehrwert des Formänderungswirkungsgrades [52] .

3.3.2 Die Einbeziehung des Längszuges

Die Deutung der Ähnlichkeitskonstante K als Kehrwert des Formänderungswirkungsgrades führt sofort zu Widersprüchen, wenn die Betrachtung auf den allgemeinen Fall des Walzens mit Längszug ausgedehnt wird. Infolge seiner Abhängigkeit von den Längszügen kann der Formänderungswirkungsgrad keine Ähnlichkeitskonstante sein. Diese nimmt lediglich für den Sonderfall des längszugfreien Walzens eine dem Formänderungswirkungsgrad äquivalente Form an. Sie muß infolgedessen als eine Größe interpretiert werden, die

a) unabhängig von der Anwesenheit und Größe äußerer Längszüge ist und
b) für den Fall des längszugfreien Walzens die Form $\frac{k_{wm}}{ck_{fm}}$ annimmt.

Betrachtet man die plastostatische Kenngröße als das Verhältnis von tatsächlicher und ideeller, im Walzspalt wirkender vertikaler Druckspannung, so läßt sich unter bestimmten Voraussetzungen nachweisen, daß dieses Verhältnis auch beim Walzen mit Längszug nur von der Walzspaltgeometrie und den Reibverhältnissen abhängt. Mit den Annahmen, daß

1. die Verluste im Walzspalt lediglich durch Reibung an der Kontaktfläche von Walze und Walzgut entstehen,
2. das Coulombsche Reibungsgesetz gilt,

kann der Nachweis für die aufgestellte Behauptung erbracht werden:

Aus diesen Annahmen ergibt sich die Proportionalität zwischen mittlerer Druckspannung und mittlerem Fließwiderstand

$$\sigma_{flm} = p \cdot k_{wm} \qquad (54)$$

mit p als Proportionalitätsfaktor, der den Reibbeiwert und die Walzspaltgeometrie enthält. Die Fließbedingung liefert nach Gl. (12)

$$k_{wm} = ck_{fm} + \sigma_{flm}, \qquad (55)$$

wenn $k_{wm} = |\sigma_3|$ sowie $\sigma_{flm} = |\sigma_1|$, und die plastostatische Ähnlichkeitskenngröße lautet damit:

$$K = \frac{k_{wm}}{ck_{fm}} = \frac{ck_{fm} + \sigma_{flm}}{ck_{fm}} \, . \qquad (56)$$

Aus den Gl. (54) und (12) ergibt sich für den Fließwiderstand der Ausdruck

$$\sigma_{flm} = p \cdot k_{wm} = p \cdot (ck_{fm} + \sigma_{flm}) = p \cdot ck_{fm} + p \cdot \sigma_{flm};$$

$$\sigma_{flm} = \frac{p}{1 - p} \cdot ck_{fm}, \qquad (57)$$

so daß Gl. (56) dann lautet:

$$K = \frac{ck_{fm} + \frac{p}{1 - p} \cdot ck_{fm}}{ck_{fm}} = 1 + \frac{p}{1 - p} = \frac{1}{1 - p} \, . \qquad (58)$$

Aufgrund der für plastostatische Ähnlichkeit notwendigen Bedingung gleicher Reibungsverhältnisse ist p als Proportionalitätsfaktor zwischen Druckspannung und Fließwiderstand im Walzspalt beim Walzen mit und ohne Längszug gleich groß, so daß mit der Aufnahme des Längszuges in die Fließbedingung der Ausdruck für den Fließwiderstand analog zu Gl. (57) die Form annimmt:

$$\sigma_{flm} = p \cdot k_{wm} = p \cdot (ck_{fm} - \sigma_{lm} + \sigma_{flm})$$

$$= p \cdot (ck_{fm} - \sigma_{lm}) + p \cdot \sigma_{flm};$$

$$\sigma_{flm} = \frac{p}{1 - p} (ck_{fm} - \sigma_{lm}) . \tag{59}$$

Beim Walzen mit Längszug ergibt sich damit für das Verhältnis aus tatsächlicher und ideeller Druckspannung im Walzspalt:

$$K = \frac{k_{wm}}{ck_{fm} - \sigma_{lm}} = \frac{(ck_{fm} - \sigma_{lm}) + \sigma_{flm}}{ck_{fm} - \sigma_{lm}}$$

$$= \frac{(ck_{fm} - \sigma_{lm}) \cdot (1 + \frac{p}{1 - p})}{ck_{fm} - \sigma_{lm}} = \frac{1}{1 - p} \tag{60}$$

der gleiche Wert $\frac{1}{1 - p}$ wie für das längszugfreie Walzen.

Die plastostatische Ähnlichkeitskenngröße K kann also für das Walzen mit Längszug verallgemeinert werden und lautet dann:

$$K = \frac{k_{wm}}{ck_{fm} - \sigma_{lm}} = f(\text{Geom.}, \mu) . \tag{61}$$

Hierin ist Gl. (53) als Grenzfall des längszugfreien Walzens enthalten.

Zur Unterscheidung vom bezogenen Formänderungswiderstand k_{wm}/ck_{fm} wird die linke Seite der Gl. (61) im folgenden "vertikales Druckspannungsverhältnis" genannt.

3.3.3 Das Walzspaltverhältnis als Geometriekenngröße

In Abschnitt 3.2.1 wurde gezeigt, daß das vertikale Druckspannungsverhältnis eine Funktion der Walzspaltgeometrie und der Reibung ist. Die Walzspaltgeometrie ist mit dem Verhältnis zweier charakteristischer Längen und der Stichabnahme eindeutig beschrieben: die Reibung wird durch den Reibbeiwert charakterisiert; infolgedessen gilt entsprechend Gl. (53)

$$K = f(\frac{h_1}{d}, \varepsilon, \mu) \tag{62}$$

bzw.

$$K = f(\frac{l_d}{h_m}, \varepsilon, \mu) . \tag{63}$$

Für das längszugfreie Walzen ist eine ähnliche Funktion

$$(K_1) = \frac{1}{\eta_f} = f_1 \left(\frac{h_1}{d}, \mu\right)$$

von Siebel in [16] schon einmal dargestellt worden (Abb. 7). Es wurde jedoch bereits in Abschnitt 2.2.2 auf die unzulässige Unterdrückung des Einflusses der Stichabnahme hingewiesen, der - wie Abb. 9 zeigt - nicht unerheblich ist. Das Dickenverhältnis h_1/d allein ist für eine hinreichende Beschreibung der Walzspaltgeometrie nicht geeignet. Bei der Analyse des "Walzspaltverhältnisses" l_d/h_m sieht man jedoch deutlich, daß in ihm außer dem Walzenradius und der Ausgangsdicke des Walzgutes auch die Stichabnahme enthalten ist:

$$\frac{l_d}{h_m} = \frac{2 \cdot \sqrt{R \cdot (h_0 - h_1)}}{h_0 + h_1} = \frac{2 \cdot \sqrt{R \cdot h_0 \cdot \varepsilon}}{h_0 + (h_0 - h_0 \cdot \varepsilon)}$$

$$= \frac{2 \cdot \sqrt{\varepsilon}}{2 - \varepsilon} \cdot \sqrt{\frac{R}{h_0}} \ . \qquad (64)$$

Wenn auch nicht eindeutig, so beschreibt das Walzspaltverhältnis l_d/h_m die Walzspaltgeometrie doch umfassender als das Dickenverhältnis h_1/d.

Auf der Grundlage der vorangegangenen Ähnlichkeitsbetrachtungen soll nun der Versuch eines empirischen Ansatzes zur Lösung der Funktion f in der Gl. (63) unternommen werden.

3.3.4 Empirischer Lösungsansatz

Pawelski und Neuschütz [53] konnten anhand von Versuchsergebnissen beim Warm-Walzen auf der Flachbahn und in Kalibern folgendes feststellen: Der auf k_{fm} bezogene, mittlere Formänderungswiderstand ist nur abhängig vom Flächenverhältnis F_d/F_m und von den Reibungsverhältnissen, die beim Warm-Walzen wesentlich von der Temperatur beeinflußt werden (Abb. 10). Eigene Ergebnisse aus Kalt-Walzversuchen (ohne Längszug) [38] ergaben in analoger Darstellungsweise (k_{wm}/ck_{fm} über l_d/h_m) einen ähnlichen Kurvenverlauf (Abb. 11). Im Bereich der dabei verwirklichten l_d/h_m-Werte ist jedoch kein Minimum der Kurve mit anschließendem Anstieg für $l_d/h_m \to 0$ festzustellen; vielmehr verlaufen die Kurven in Richtung kleiner werdender l_d/h_m-Werte auf $k_{wm}/ck_{fm} = 1$ hin (gestrichelte Linien in Abb. 11).

Pawelski [52] empfiehlt zur Lösung der Funktion f eine additive oder multiplikative Verknüpfung von Potenzfunktionen der Veränderlichen. Die experimentell ermittelte Funktion f (Abb. 11) weist jedoch deutliche Merkmale einer Exponentialfunktion auf (z.B. der Schnittpunkt mit der Ordinate bei 1). Der Verdacht auf eine Exponentialfunktion wird ebenfalls unterstützt durch die in Abschnitt 2.2.1.3 hergeleitete Beziehung (15) für den Formänderungswiderstand beim Flachstauchen:

$$|\sigma_3| = k_w = ck_f \cdot \exp(\frac{2\,\mu}{h} \cdot x).$$

Gl. (15) ist natürlich nicht ohne weiteres auf den Walzfall übertragbar, jedoch ist anzunehmen, daß das Ergebnis eine ähnliche mathematische Form, nämlich die einer Exponentialfunktion, aufweisen wird.

$$\frac{k_{wm}}{ck_{fm}} = \exp(f_1(\frac{l_d}{h_m}, \mu)). \tag{65}$$

In logarithmischer Schreibweise lautet Gl. (65):

$$\ln \frac{k_{wm}}{ck_{fm}} = f_1(\frac{l_d}{h_m}, \mu). \tag{66}$$

Die Übertragung der Versuchsergebnisse aus Abb. 11 in ein analoges Diagramm mit logarithmischer Ordinatenteilung gemäß Gl. (66) zeigt eine geradlinige Abhängigkeit (siehe Abb. 12). Aufgrund dieses Zusammenhanges kann in Anlehnung an Gl. (15) die Funktion $f_1 = \mu \cdot l_d/h_m$ angesetzt werden. Mit l_d/h_m als unabhängige Variable wird Gl. (66) somit zur Gleichung einer Geraden mit der Steigung μ:

$$\ln \frac{k_{wm}}{ck_{fm}} = \mu \cdot \frac{l_d}{h_m}$$

bzw.

$$\frac{k_{wm}}{ck_{fm}} = \exp(\mu \cdot \frac{l_d}{h_m}). \tag{67}$$

Hierzu muß gesagt werden, daß die Größe μ in Gl. (67) nicht als Reibbeiwert im üblichen Sinne aufzufassen ist; vielmehr handelt es sich hierbei um eine Größe, die ganz allgemein die Reibungsverhältnisse charakterisiert und zweckmäßiger mit f (μ) bezeichnet wird. Dementsprechend lautet dann Gl. (67) für das Walzen mit und ohne Längszug:

$$\frac{k_{wm}}{ck_{fm} - \sigma_{lm}} = \exp(f(\mu) \cdot \frac{l_d}{h_m})$$

bzw.

$$\ln \frac{k_{wm}}{ck_{fm} - \sigma_{lm}} = f(\mu) \cdot \frac{l_d}{h_m}. \tag{68}$$

3.3.5 Definitionen der verwendeten Begriffe

1. mittlerer Formänderungswiderstand k_{wm}

$$k_{wm} = \frac{P}{F_d} = \frac{P}{b_m \cdot \sqrt{R' \cdot (h_0 - h_1)}} \quad (69)$$

Der abgeplattete Ersatzradius R' wird nach Gl. (25) berechnet.

$$b_m = \frac{b_0 + b_1}{2} = \text{mittlere Walzgutbreite}$$

$$k_{wm} = \frac{P}{b_m \cdot \sqrt{R \cdot (h_0 - h_1 + C \cdot \frac{P}{b_m})}} \quad (70)$$

2. mittlere Formänderungsfestigkeit k_{fm}

Normalerweise wird die mittlere Formänderungsfestigkeit für einen Verformungsschritt nach der Beziehung

$$k_{fm} = \frac{1}{\varphi_h} \cdot \int_0^{\varphi_h} k_f \cdot d\varphi = \frac{a}{\varphi_h}$$

aus der Fließkurve ermittelt.
a = spezifische Formänderungsarbeit

Im annähernd geradlinigen Teil der Fließkurve genügt im allgemeinen der arithmetische Mittelwert $k_{fm} = 0{,}5 \cdot (k_{f0} + k_{f1})$ der geforderten Genauigkeit.

Bei der Definition der mittleren Formänderungsfestigkeit beim Walzen sollte beachtet werden, daß auch bei linearem Anstieg der Fließkurve ein solcher im Walzspalt nicht mehr vorliegt. Die Ursache dafür liegt im degressiven Verlauf der Höhenformänderung φ_h innerhalb des Walzspalts (Abb. 13). Analog dazu ist auch der Anstieg der Formänderungsfestigkeit bei geradlinigem Verlauf der Fließkurve. Für eine Reihe von Walzfällen unterschiedlicher Walzspaltgeometrie wurde unter der Annahme eines linearen Anstiegs der Fließkurve innerhalb eines Stiches der Mittelwert aus dem Verlauf der Formänderungsfestigkeit im Walzspalt numerisch auf einem elektronischen Rechner ermittelt und mit dem arithmetischen Mittelwert verglichen. Die Abweichungen vergrößern sich mit der Stichabnahme und können bei $\varepsilon = 0{,}5$ bis zu 15 % ausmachen. Die Näherungslösung

$$k_{fm} = \frac{1}{3} k_{f0} + \frac{2}{3} k_{f1} = \frac{1}{3} (k_{f0} + 2k_{f1}) \quad (71)$$

dagegen zeigte in allen Fällen eine nur geringe Abweichung vom exakten Mittelwert und wurde in dieser Arbeit zur Mittelwertbildung der Formänderungsfestigkeit herangezogen.

3. mittlere Längszugspannung σ_{lm}

Das Problem der Definition einer mittleren Längszugspannung aus σ_{lo} und σ_{l1} wurde schon im Abschnitt 2.2.3 dieser Arbeit angeschnitten. Demnach ist σ_{lm} nicht nur von der Größe der Längszugspannungen σ_{lo} und σ_{l1} abhängig, sondern außerdem noch von einer Reihe anderer Einflußfaktoren [49] , besonders aber von der Stichabnahme, auf deren Einbeziehung in eine Definition für σ_{lm} nicht verzichtet werden sollte.

Die Überlegung, daß beim Druckumformen auch die zum Einleiten einer plastischen Verformung notwendige Druckspannung schon erheblich von zusätzlichen äußeren Längszugspannungen beeinflußt (erniedrigt) wird, führte zu der Vorstellung zweier Einflußanteile des gesamten Längszugeinflusses, nämlich einem sogenannten Grundeinfluß und einem weiteren, der von der Größe der Stichabnahme abhängt. Eine mögliche mathematische Formulierung dieses Ansatzes ist

$$\sigma_{lm} = a_o \cdot \sigma_{lo} + a_1 \cdot \sigma_{l1} + \varepsilon \cdot (a_o \cdot \sigma_{lo} + a_1 \cdot \sigma_{l1})$$

$$= (1+\varepsilon) \cdot (a_o \cdot \sigma_{lo} + a_1 \cdot \sigma_{l1}) . \qquad (72)$$

a_o bzw. a_1 sind Koeffizienten, die die unterschiedlichen Einzeleinflüsse von σ_{lo} und σ_{l1} charakterisieren. Aus einer Vielzahl von Meßergebnissen aus eigenen Untersuchungen werden die Koeffizienten a_o und a_1 so ermittelt, daß Gl. (68), umgestellt nach σ_{lm}, erfüllt ist. Danach ergeben sich für alle durchgeführten Längszugkombinationen sinnvolle Ergebnisse mit $a_o=1/2$ und $a_1=1/4$. Gl. (72) lautet somit

$$\sigma_{lm} = (1+\varepsilon) \left(\frac{\sigma_{lo}}{2} + \frac{\sigma_{l1}}{4}\right) = \frac{1+\varepsilon}{2} \left(\sigma_{lo} + \frac{\sigma_{l1}}{2}\right) , \qquad (73)$$

wobei $\varepsilon = (h_o-h_1)/h_o$ als Dezimalbruch einzusetzen ist. σ_{lo} bzw. σ_{l1} sind gleich den auf den Anfangs- bzw. Endquerschnitt des Bandes bezogenen Längszugkräften

$$\sigma_{lo} = \frac{Z_o}{b_o \cdot h_o} ; \quad \sigma_{l1} = \frac{Z_1}{b_1 \cdot h_1} .$$

Der Gl. (73) darf vom rein wissenschaftlichen Standpunkt her keine allzu große Bedeutung beigemessen werden, da sie nicht streng theoretisch abgeleitet wurde. Es sei aber darauf hingewiesen, daß sie nicht nur für den hier behandelten Problemkreis befriedigende Ergebnisse liefert, sondern ebenso bei der Ermittlung der Formänderungsverhältnisse beim Warmwalzen [54] .

4. Länge des Kontaktbogens l_d

$$l_d = \sqrt{R \cdot (h_0 - h_1)}$$ (ohne Berücksichtigung der Abplattung)

bzw.

$$l_d' = \sqrt{R' \cdot (h_0 - h_1)} = \ldots \text{ Gl. (25) für } R' \ldots$$

$$= \sqrt{R \cdot (h_0 - h_1 + C \cdot \frac{P}{b_m})} \qquad (74)$$ (unter Berücksichtigung der Abplattung)

5. mittlere Walzguthöhe h_m

$$h_m = \frac{h_0 + h_1}{2}$$

6. Walzspaltverhältnis

$$\frac{l_d}{h_m} = \frac{2 \cdot \sqrt{R \cdot (h_0 - h_1)}}{h_0 + h_1} = \ldots = \frac{2 \cdot \sqrt{\varepsilon}}{2 - \varepsilon} \cdot \sqrt{\frac{R}{h_0}} \qquad (64)$$

In dieser Arbeit wird bei der Berechnung des Walzspaltverhältnisses ebenfalls die Walzenabplattung berücksichtigt.

$$\frac{l_d'}{h_m} = \frac{l_d}{h_m} \cdot \sqrt{\frac{R'}{R}} \qquad (75)$$

7. Reibung

Der Parameter "Reibung" wird bei der Erstellung der Unterlagen zur Anwendung der Methode am jeweiligen Walzwerk in Vorversuchen ermittelt. Bei einer rechnerischen Anwendung des Verfahrens ist Gl. (68) in der Form

$$\frac{k_{wm}}{ck_{fm} - \sigma_{1m}} = \exp(f(\mu) \cdot \frac{l_d}{h_m})$$

zu verwenden, wobei $f(\mu)$ gleich der Steigung der Geraden bei der graphischen Methode ist und ebenfalls in Vorversuchen unter den Reibungsverhältnissen zu ermitteln ist, für die die Gleichung bzw. das Diagramm gelten soll.

3.4 Experimenteller Nachweis

Die Möglichkeit einer Diskussion der Versuchsergebnisse, die zu einer gründlichen Überprüfung und Bewertung des Verfahrens führen soll, ist nur gegeben, wenn möglichst genaue und detaillierte Angaben über die Versuchsbedingungen vorliegen. Soll beispielsweise eine Aussage über den Einfluß des Walzendurchmessers getroffen werden, so ist es unumgänglich, daß bei allen Versuchen Walzen mit gleichem Oberflächenzustand eingesetzt, d.h. die Walzen müssen mit Schleifscheiben gleicher Körnung - möglichst mit der gleichen Schleifscheibe - geschliffen sein. Desweiteren muß eine exakte Fließkurve des Walzgutmaterials vorliegen sowie eine Angabe über die Vorgeschichte des Walzgutes (Warmband, Kaltband, Wärmebehandlung). Für die Abplattungsberechnung ist die Angabe des Walzenwerkstoffes von großer Bedeutung. Die Art und Auftragsweise des Schmiermittels in Verbindung mit der Walzgeschwindigkeit läßt unter Umständen wertvolle Rückschlüsse auf die Reibverhältnisse zu. Streuwerte in den Meßergebnissen sollten nur mit der Kenntnis der Fehlermöglichkeiten bei der Erfassung der Meßwerte von Walzkraft, Längszug sowie der Walzgutabmessungen diskutiert werden. Schließlich können noch bei der Durchführung der Versuche beobachtete Besonderheiten zu wertvollen Schlüssen bei der Diskussion der Versuchsergebnisse beitragen. Es wurde in der Literatur keine Veröffentlichung gefunden, die in befriedigender Weise Aufschluß über alle hier angesprochenen Fragen gegeben hätte. Die Überprüfung des Verfahrens zur Walzkraftbestimmung erfolgte daher anhand eigener Versuchsergebnisse.

3.4.1 Versuchsplan

Zur Feststellung der Gültigkeit der in Abschnitt 3.3 hergeleiteten Beziehung (66) zwischen dem vertikalen Druckspannungsverhältnis, der Walzspaltgeometrie und der Reibung ist der Nachweis zu erbringen, daß keine zusätzlichen Einflüsse folgender Größen vorliegen:

1. Walzgutdicke h_0,
2. Stichabnahme ε,
3. Walzendurchmesser 2R,
4. Formänderungsfestigkeit (z.B. infolge einer Vorverformung),
5. Längszugspannungen vor und hinter dem Walzspalt σ_{10} bzw. σ_{11}.

Sofern es gelingt, bei Variation aller Größen 1. bis 5. die Reibungsverhältnisse konstant zu halten, müßte sich bei positivem Ergebnis der experimentellen Nachprüfung stets die gleiche Abhängigkeit nach Gl. (66), d.h. gleiche Steigung der Geraden in den $k_{wm}/(ck_{fm}-\sigma_{lm})$ - l_d/h_m-Diagrammen ergeben.

3.4.1.1 Konstante Versuchsbedingungen

1. Walzgeschwindigkeit

Die Walzgeschwindigkeit wurde bei allen durchgeführten Versuchen auf 5 m/min festgesetzt. Eine wesentlich höhere Walzgeschwindigkeit hätte den Materialverbrauch derart angehoben, daß das zur Verfügung stehende Versuchsmaterial nicht für die vorgesehenen Untersuchungen ausgereicht hätte. Auf eine Variation der Geschwindigkeit bis zu einer in bezug auf das oben Gesagte gerade noch vertretbaren Grenze wurde verzichtet, da in diesem Geschwindigkeitsbereich (5 bis 15 m/min) keine wesentlichen Änderungen der hier interessierenden Größen zu erwarten sind [37].

2. Walzgutbreite

Die Walzgutbreite wurde nicht variiert. Ein Einfluß der Walzgutbreite auf den mittleren Formänderungswiderstand ist nach Untersuchungen von Lueg und Pomp [55] oberhalb eines Verhältnisses $b/h = 15$ nicht mehr festzustellen. Im allgemeinen wird der Bereich für eine lineare Abhängigkeit der Walzkraft von der Bandbreite mit $b/h > 10$ angegeben [28]. Mit der verwendeten Bandbreite $b = 100$ mm und der maximalen Banddicke $h_0 = 3$ ist die Forderung $b/h > 10$ erfüllt.

3.4.1.2 Veränderliche Versuchsbedingungen

1. Walzgutdicke

Aus dem verfügbaren Versuchsmaterial (Warmband mit den Abmessungen 100 x 3 und 100 x 2) wurden für die Walzversuche ohne Längszug durch Kaltwalzen und anschließendes Rekristallisationsglühen unter Vakuum Walzproben der Dicken 2,5; 2: 1,5 und 1 mm hergestellt. Die Walzversuche mit Längszug wurden am ebenfalls geglühten Band mit der Ausgangsdicke $h_0 = 2$ mm durchgeführt.

2. Stichabnahme

Es wurden für jede Versuchsreihe (konstante Ausgangsdicke, Walzendurchmesser und Schmierbedingungen) möglichst viele Stichabnahmen im Bereich $\varepsilon = 0$ bis 50 % verwirklicht, ohne daß diese jedoch bestimmte, vorgegebene Werte annehmen mußten.

3. Walzendurchmesser

Die Beschaffenheit des verwendeten Versuchswalzwerkes ermöglichte den Einbau von zwei Arbeitswalzenpaaren unterschiedlichen Durchmessers von der Größe $2R = 290$ mm (Duo-Anordnung) und $2R = 126{,}5$ mm (Quarto-Anordnung).

4. Formänderungsfestigkeit

Die Hälfte der vorgefertigten Walzproben wurde vor Versuchsbeginn nochmals durch Kaltwalzen vorverformt, um bei den nachfolgenden Walzversuchen einen eventuellen Einfluß der Formänderungsfestigkeit erkennen zu können.

5. Längszug

In Abweichung von ähnlichen Untersuchungen dieser Art soll in der vorliegenden Arbeit nicht der Einfluß des Längszuges in Abhängigkeit der Kombinationen von σ_{10}, σ_{11} und der Stichabnahme analysiert werden. Die Aufgabe dieser Untersuchungen besteht vielmehr darin, ein vorgelegtes Rechenmodell auf seine Brauchbarkeit hin zu überprüfen. Aus diesem Grund konnte bei der Versuchsdurchführung darauf verzichtet werden, bestimmte, vorgewählte Kombinationen von Vorwärts- und Rückwärtszügen in Verbindung mit ebenfalls vorher festgelegten Stichabnahmen zu verwirklichen. Es brauchte zur Variation der Versuche mit Längszug nur jeweils eine (oder auch mehrere) der drei in Frage kommenden Größen σ_{10}, σ_{11} und ε verändert zu werden.

6. Schmierverhältnisse

Alle Versuchsreihen wurden mit und ohne Schmierung gefahren. Das Schema der durchgeführten Versuche ist in Abb. 14 dargestellt.

3.4.2 Versuchswerkstoff

Im experimentellen Teil dieser Arbeit sollen nicht spezielle Werkstoffeigenschaften untersucht werden, die für eine das Verfahren bewertende Aussage eine untergeordnete Rolle spielen. Infolgedessen wurden die Untersuchungen lediglich an einem Werkstoff durchgeführt. Es handelt sich um einen USt 37, über den für den hier angesprochenen Problemkreis lediglich Informationen bezüglich seiner Herkunft (warmgewalztes Spaltband, rekristallisierend geglüht) und seiner Formänderungsfestigkeit (Fließkurve, siehe Abb. 15), vorliegen müssen. Im Anlieferungszustand hatte das Band die Abmessungen 100 x 3 bzw. 100 x 2 mm. Nachdem die Walzproben - wie im Abschnitt 3.4.1.2 geschildert - vorbereitet waren, wurde die Fließkurve durch Stauchversuche an geschichteten, zylindrischen Proben von 30 mm Ausgangshöhe und 20 mm Ausgangsdurchmesser aufgenommen. Die Bahnen der Stauchapparatur sowie die Stirnflächen der Proben waren mit Teflon-Spray geschmiert. Die genauen Höhen der Stauchproben wurden erst in der Stauchapparatur nach Aufbringen einer Vorlast von 2 Mp gemessen. Die Auswertung erfolgte unter Berücksichtigung der elastischen Verformung der Stauchapparatur, die aufgrund ihrer Konstruktion eine Messung der Proben-Höhenänderung allein nicht zuläßt. Sowohl von den zuvor dünner gewalzten, geglühten Bändern als auch vom geglühten Warmband wurden Proben zur Ermittlung der Fließkurve entnommen. Die Ergebnisse lagen alle innerhalb eines Streubereiches von 5 %.

3.4.3 Versuchseinrichtungen

Die Walzversuche wurden auf einem im Institut für Bildsame Formgebung der R-W TH Aachen installierten Walzwerk durchgeführt, das die Möglichkeit einer Bandzug-Erzeugung über die Antriebe der Haspeleinrichtungen bietet. Die geschmiedeten und gehärteten Chromstahlwalzen waren zylindrisch geschliffen, ihre Ballenlänge betrug 300 mm, ihr Durchmesser 290 mm (bei Duo-Anordnung) bzw. 126,5 mm (bei Quarto-Anordnung). Für die Walzversuche mit Längszug mußten aus institutsinternen Gründen polierte Walzen (ebenfalls aus gehärtetem Chromstahl) eingesetzt werden, die bei einem Durchmesser von 130 mm in Quarto-Bauweise eingesetzt wurden. Der Antrieb des Walzwerkes und der Haspeleinrichtungen erfolgt durch Gleichstrommotoren mit 110 kW bzw. 33 kW Leistung, die von einem Leonard-Satz gespeist werden, über ein jeweils mehrstufiges Getriebe, wodurch eine Drehzahlregelung in weiten Bereichen möglich ist.

Als Schmiermittel wurde ein Kaltwalzöl für Stahl mit der Bezeichnung BP OLEX RO 6115 eingesetzt und mittels elektrischer Sprühpistolen oberhalb und unterhalb des Bandes in den Walzspalt gesprüht. Bei den Walzversuchen ohne Schmierung wurden sowohl die Walzen als auch die Walzproben vor dem Walzen mit Alkohol entfettet.

Die vertikale Walzkraft konnte mit zwei bis 60 Mp belastbaren Kraftmeßdosen auf DMS-Basis gemessen werden, die zwischen den oberen Einbaustücken und den Anstellspindeln installiert waren.

Zur Erfassung der von den Haspeln erzeugten Längszugkräfte standen zwei am Institut für Bildsame Formgebung entwickelte Bandzugmeßgeräte [56] zur Verfügung, die an der Ein- und Auslaufseite des Walzgerüstes montiert werden können und gleichzeitig für eine seitliche Bandführung sorgen. Sie arbeiten nach dem sogenannten Drei-Punkt-Prinzip: Eine zwischen zwei fest gelagerten Rollen angeordnete dritte Rolle lenkt das unter Zug stehende Band um einige Winkelgrade um und überträgt die vertikale Komponente der umgelenkten Bandzugkraft auf ein Meßglied (in diesem Fall ein Biegebalken mit DMS) (Abb. 16).

Die Bandbreite wurde mit einer Schieblehre, die Banddicke mit einer Mikrometerschraube (1/100 mm-Teilung) gemessen.

Die Meß-Signale der Walzkraft- und Bandzug-Meßeinrichtungen wurden über Trägerfrequenz-Meßverstärker vom Typ VD5, System Brandau, einem Lichtpunkt-Linien-Schreiber zugleitet und von diesem kontinuierlich registriert.

Die Meßergebnisse wurden auf einer elektronischen Tischrechenmaschine ausgewertet.

3.4.4 Versuchsdurchführung

Vor der Durchführung der Walzversuche wurden die Kraftmeßdosen und Bandzugmeßgeräte neu geeicht und die vorliegenden Eichkurven gegebenenfalls korrigiert. Der Abgleich der Meßwertverstärker sowie die elektrische Vorgabe des Eichausschlages wurde während der Messungen von Zeit zu Zeit wiederholt, um eventuell eingetretene Nullpunktverschiebungen bei der späteren Auswertung berücksichtigen zu können.

1. Walzversuche ohne Längszug

Für jede Versuchsreihe standen fünf etwa 1 m lange Bandstreifen zur Verfügung, von denen jeder, während er den Walzspalt passierte, durch stufenweise Betätigung der Walzenanstellung drei bis vier verschieden große Stichabnahmen erfuhr. Für jede Bandausgangsdicke h_0 ergaben sich damit für einen Walzendurchmesser und einen Schmierzustand 15 bis 20 Versuchspunkte im Bereich $\varepsilon = 0$ bis 50 %. Beim Walzen der dünnen, vorverfestigten Bänder konnten jedoch oft nur Stichabnahmen bis ca. 30 % verwirklicht werden - besonders in Verbindung mit den dickeren Duo-Walzen -, um die Belastbarkeitsgrenze des Walzgerüstes nicht zu überschreiten. Die drei bis vier unterschiedlichen Enddicken h_1 jedes Bandstreifens wurden nach dem Walzen ausgemessen und in der späteren Auswertung den entsprechenden Walzkräften zugeordnet.

2. Walzversuche mit Längszug

Für diese Versuche mußte das unzerschnittene Band verwendet werden, das zwecks Erzeugung der Längszüge vor und hinter dem Walzgerüst auf Haspeln aufgewickelt war. Nachdem die vorgegebene Walzgeschwindigkeit sowie eine Längszugkombination in Verbindung mit einer Stichabnahme eingestellt waren und konstant blieben, wurde der Papiervorschub des Schreibers eingeschaltet und die Messung vorgenommen. Die Banddicken h_0 und h_1 wurden jeweils unmittelbar vor bzw. nach jedem einzelnen Versuch gemessen.

3.4.5 Auswertung der Meßergebnisse

Die Meßergebnisse werden derart ausgewertet, daß sie in einem Diagramm gemäß Abb. 12 dargestellt werden können. Die in diesem Diagramm verwendeten Größen müssen dazu aus den gemessenen Werten (h_0, h_1, b und P) und der Fließkurve mittels der in Abschnitt 3.3.5 angegebenen Beziehungen errechnet werden. Sowohl die Berechnung des mittleren Formänderungswiderstandes als auch die des Walzspaltverhältnisses erfolgen dabei unter Berücksichtigung der Walzenabplattung. Die Erstellung des Diagramms wird dadurch zwar nicht wesentlich erschwert, jedoch ist bei der Anwendung desselben eine lästige Iteration notwendig, da ja zunächst die Walzkraft und die Größe des abgeplatteten Berührungsbogens nicht bekannt sind. Es muß daher von Fall zu Fall entschieden werden, ob der bei Vernachlässigung der Abplattung entstehende Fehler die Vorteile der einfacheren Handhabung des Verfahrens aufwiegt. Bei den hier durchzuführenden Untersuchungen sollen jedoch alle Vereinfachungen vermieden werden, die die Aussagekraft der Versuchsergebnisse beeinträchtigen könnten.

Aufgrund der logarithmischen Darstellungsweise des vertikalen Druckspannungsverhältnisses wird das Diagramm gegenüber auch geringen Schwankungen der Ordinatenwerte sehr empfindlich. Dies gilt besonders für Werte in der Nähe des Koordinatenschnittpunktes, da dort der Ordinatenmaßstab relativ gespreizt ist. Zwei Ordinatenwerte von der Größe 1,1 bzw. 1,2 weichen z.B. effektiv nur etwa 9 % voneinander ab. Die logarithmische Darstellungsweise täuscht jedoch eine Abweichung von etwa 50 % vor, wenn die Abszisse die Ordinate in 1 schneidet. Eine Möglichkeit, unerwünschte, jedoch unvermeidlich auftretende Streuungen der Meßwerte infolge von Inhomogenitäten der Werkstoffeigenschaften, Fehlern bei der Erfassung, Aufzeichnung und Auswertung der Meßergebnisse usw. aus diesem Diagramm fernzuhalten, bietet sich bei den Versuchen ohne Längszug an. Trägt man in einem Diagramm den mittleren Formänderungswiderstand über der Stichabnahme auf, so ist mit einer mittleren Linie durch den Streubereich aller Meßpunkte dann eine systematische Abhängigkeit zwischen k_{wm} und ε gegeben, wenn für alle Versuche

1. der gleiche Werkstoff (auch hinsichtlich der Vorbehandlung) verwendet wird,
2. die Walzguthöhe h_0 konstant ist,
3. die gleichen Walzen im Einsatz und
4. die Schmierbedingungen unverändert sind.

Alle Abweichungen von dieser Linie können dann auf die oben zitierten, dem Verfahren nicht prinzipiell anhaftenden Fehlererscheinungen zurückgeführt werden. Für jede einzelne Versuchsserie beim Walzen ohne Längszug sind die eben genannten vier Bedingungen erfüllt. Aus den gemessenen Werten wird nach Gl. (70) der mittlere Formänderungswiderstand bestimmt und in den Abb. 17a bis 52 a über der aus h_0 und h_1 errechneten Stichabnahme aufgetragen. Aus der durch den Streubereich der Meßpunkte gelegten Linie wird daraufhin bei ε = 5, 10, 15, ..., 50 % jeweils der mittlere Formänderungswiderstand abgegriffen und aus ihm und dem entsprechenden Wert für die mittlere Formänderungsfestigkeit das vertikale Druckspannungsverhältnis errechnet. Der zugehörige

Wert von l_d'/h_m ergibt sich aus den Gl. (64, 75, 25). Damit können die Diagramme (Abb. 17b bis 52b) gezeichnet werden. Bei der Auswertung der beim Walzen mit Längszug gewonnenen Meßergebnisse gibt es keine Möglichkeit, die von den Walzparametern unabhängigen Streuungen der Meßwerte durch eine "graphische Mittelwertbildung" zu vermindern. Deshalb wurden Versuche im Bereich kleiner Stichabnahmen, in dem diese Streuungen besonders groß sind, nicht gefahren. Bei kleinen Höhenabnahmen macht sich erstens der Fehler in der Dickenmessung in größerem Maße bemerkbar, was sich sowohl auf die Größe des errechneten Formänderungswiderstandes (siehe Gl. (70)) als auch auf die der Stichabnahme auswirkt; zum anderen ist bei kleinen Walzkräften der relative Fehler in der Walzkraftbestimmung größer - dies besonders, da sich die Fehler der Meßgeräte den durch die manuelle Schriebauswertung bedingten Ungenauigkeiten überlagern.

Bei den Walzversuchen mit Längszug mußten aus institutsinternen Gründen polierte Walzen mit 130 mm Ballendurchmesser in Quarto-Bauweise eingesetzt werden. Aus diesem Grund wurde für das 2 mm dicke Warmband, an dem die Walzversuche durchgeführt werden sollten, auch die Versuchsreihe ohne Längszug wiederholt, damit in beiden Fällen vergleichbare Reibbedingungen gewährleistet waren.

Für dieses Beispiel sind in den Tab. 1 bis 4 alle Meßwerte und Zwischen-Rechenergebnisse aufgeführt, um den Gang der Auswertung einmal deutlich zu demonstrieren. Tab. 3 enthält die Meßergebnisse der Walzversuche ohne Längszug sowie die Werte R'/R, k_{wm} (Gl. 25, 70) und ε in %. In Abb. 52a sind die Werte des mittleren Formänderungswiderstandes über der Stichabnahme aufgetragen. Aus diesem Diagramm wird nun für die Stichabnahmen 5, 10, 15, ... 50 % der Formänderungswiderstand abgegriffen und mittels der Fließkurve (Abb. 15) die jeweiligen Werte des vertikalen Druckspannungsverhältnisses nach Gl. (52), $K = k_{wm}/ck_{fm}$ sowie des Walzspaltverhältnisses l_d'/h_m nach Gl. (75 und 64) errechnet (Tab. 4). Mit den auf diese Weise erzielten Werten von K und l_d'/h_m kann nun das Diagramm (Abb. 52b) gezeichnet werden.

Die Tab. 1 und 2 enthalten die analogen Meß- und Rechenergebnisse aus den Walzversuchen mit Längszug. σ_{lm} wird darin nach Gl. (73) und K in der allgemeinen Form nach Gl. (61) berechnet. Die Darstellung von K über l_d'/h_m erfolgt in Abb. 53a.

3.4.6 Diskussion der Versuchsergebnisse

3.4.6.1 Walzversuche ohne Längszug

In den Abb. 17b bis 52b ist für je eine Versuchsreihe das vertikale Druckspannungsverhältnis über dem Walzspaltverhältnis aufgetragen. Der erste Punkt entspricht einer Stichabnahme von 5 %, jeder weitere einer um jeweils 5 % höheren Stichabnahme, wobei der zugehörige mittlere Formänderungswiderstand für die entsprechenden Stichabnahmen den Abb. 17a bis 52a entnommen wird, wie in Abschnitt 3.4.5 beschrieben. Durch die Schar der auf diese Weise gewonnenen "Versuchspunkte" ist aus dem Koordinatenschnittpunkt (0,1) eine mittlere Gerade gelegt.

Bis auf ganz wenige Ausnahmen ist die Abweichung von der mittleren Geraden unerheblich. Sie beträgt im Durchschnitt 0 bis ± 4 % des Ordinatenwertes k_{wm}/ck_{fm}. Lediglich bei zwei Versuchsserien (Abb. 31b und 32b) liegt die Abweichung der Versuchsergebnisse von der mittleren Geraden in der Größenordnung von ± 10 %. Eine einheitliche Tendenz der Art und Weise, in der die Versuchspunkte um die Gerade streuen, kann nicht festgestellt werden. In manchen Fällen liefert die Gerade bei kleinem Walzspaltverhältnis zu große und bei größerem Walzspaltverhältnis zu kleine Werte für das vertikale Druckspannungsverhältnis, in anderen Fällen ist es umgekehrt. Manchmal schmiegen sich die Versuchspunkte in flachen Wellenlinien an die Gerade an. Der Ansatz in Form einer Exponentialfunktion für die Abhängigkeit der plastostatischen Ähnlichkeitskenngröße von der Walzspaltgeometrie kann demnach als brauchbare mathematische Beschreibung der realen Verhältnisse angesehen werden. Es bleibt jedoch noch nachzuprüfen, ob auf der rechten Seite der Gl. (68), in der Form

$$\ln \frac{k_{wm}}{ck_{fm} - \sigma_{1m}} = f(\mu) \cdot \frac{l_d}{h_m}, \tag{68}$$

die Walzspaltgeometrie mit l_d/h_m genügend charakterisiert ist. Für jede der Abb. 17b bis 52b ist sowohl der Walzendurchmesser als auch die Bandausgangsdicke konstant, so daß gemäß Gl. (64) das Walzspaltverhältnis hier nur noch von der Stichabnahme abhängt. Eine Allgemeingültigkeit der Gl. (68) liegt aber erst dann vor, wenn sich für alle Walzendurchmesser und Bandausgangsdicken Geraden mit gleicher Steigung ergeben - natürlich immer unter der Voraussetzung gleicher Reibungsverhältnisse.

Die Gegenüberstellung der Versuchsergebnisse wird im folgenden zwecks besserer Übersicht tabellarisch vorgenommen (Tab. 5 und 6), deren Aufbau kurz erläutert werden soll: Neben Bemerkungen allgemeiner Art in der ersten enthält die zweite Spalte der Tabelle die Ausgangsdicke h_0 des Bandmaterials. Die dritte Spalte gibt Auskunft über die Dicke des ursprünglichen Warmbandes. In der vierten Spalte ist der Grad einer eventuellen Vorverformung durch Kaltwalzen nach der letzten Glühung angegeben, während die fünfte eine Angabe über den verwendeten Walzendurchmesser enthält (Duo-Anordnung: 2R = 290 mm; Quarto-Anordnung: 2R = 126,5 mm). Der sechsten Spalte kann man den für die Steigung der Geraden charakteristischen Wert des vertikalen Druckspannungsverhältnisses für ein gewähltes Walzspaltverhältnis von $l_d'/h_m = 5$ entnehmen.

Tab. 5 zeigt im oberen Viertel die Ergebnisse aus Walzversuchen am Warmband mit Schmierung, im zweiten Viertel diejenigen des durch Kaltwalzen vorverformten Warmbandes, ebenfalls mit Schmierung. Die beiden unteren Tabellenteile enthalten der oberen Tabellenhälfte entsprechende Versuchsergebnisse für das Walzen ohne Schmierung. Die eingeklammerten Werte in der letzten Spalte sind die Versuchsergebnisse, die einige Wochen vorher bei den Vorversuchen zu dieser Arbeit entstanden. Bei der Durchführung der Hauptversuche wurde streng auf die Einhaltung der Versuchsbedingungen geachtet, die auch bei den Vorversuchen vorlagen. Für je zwei sich entsprechende Versuchsreihen bei den Vor- und Hauptuntersuchungen war gewährleistet:

1. gleiches Versuchsmaterial,
2. gleiche Vorbehandlung des Versuchsmaterials,
3. gleiche Versuchswalzen (kein Walzenschliff und keine Benutzung der Walzen in der Zwischenzeit),

4. gleiches Schmiermittel,
5. gleiche Art der Schmiermittelauftragung,
6. gleiche Walzgeschwindigkeit.

Ein Vergleich der Ergebnisse aus sich entsprechenden Versuchsreihen der Vor- und Hauptuntersuchungen zeigt in etwa der Hälfte der Fälle eine gute Übereinstimmung, wobei die Abweichung unter ± 4 % bleibt (x). Die restlichen Ergebnisse weichen mehr oder weniger stark voneinander ab, im extremsten Falle um ca. 20 %. Es ist dabei auffallend, daß unterschiedliche Ergebnisse vor allem beim Walzen ohne Schmierung auftreten. Offenbar ist der Zustand der trockenen Reibung doch schwieriger zu verwirklichen als allgemein angenommen wird. Dies erkennt man schon an dem wesentlich größeren Streubereich der Meßpunkte in den k_{wm}-ε-Diagrammen (Abb. 17a bis 24a) gegenüber dem in den Diagrammen für das Walzen mit Schmierung. Es muß in diesem Zusammenhang auch erwähnt werden, daß trotz sorgfältigster Entfettung der Walzen und Walzproben nach dem Durchlauf einiger Proben an den Stellen der Walzenoberflächen, an denen die hinteren Bandkanten diese zuletzt berührten, eine dünne Ölspur als dunkle Linie sichtbar wurde. Eine andere Beobachtung deutet darauf hin, daß schon feinste Fettspuren eine gewisse Schmierwirkung hervorrufen: In einer Reihe von Versuchen wurden jeweils zwei Bänder gleicher Abmessung und Vorverfestigung, jedoch bei unterschiedlichen "äußeren Schmierbedingungen" ohne Veränderung der Walzenanstellung gewalzt. In einem Fall wurden Walzen und Bandproben lediglich mit einem ölgetränkten Lappen matt-fettig eingerieben, im anderen Fall Walzen und Walzgut vor und während des Walzvorganges mit Öl überflutet. Die gemessene Walzkraft und die erzielte Stichabnahme waren jedoch in beiden Fällen gleich groß. Beim Walzen mit "Ölflutung" konnte außerdem beobachtet werden, daß das Walzgut ebenfalls nur matt-fettig den Walzspalt verließ und erst danach wieder von herunterlaufendem Öl benetzt wurde.

Diese Erscheinungen lassen den Schluß zu, daß sich zwar bei Walzgeschwindigkeiten in der Größenordnung der hier verwirklichten (5 m/min) ein "Schmierfilm" auch nicht annähernd bilden kann, daß aber unabhängig davon die Schmierverhältnisse als definiert und konstant anzusehen sind. Demgegenüber ist der Reibungszustand beim sogenannten Trockenwalzen eher als labil zu bezeichnen, da er offenbar schon durch geringfügige Einflüsse (Öldämpfe in der Luft?) empfindlich gestört wird. Aus diesem Grunde sollen im folgenden lediglich die bei den Walzversuchen mit Schmierung erzielten Ergebnisse dargestellt und diskutiert werden.

Die in Tab. 5 zusammengefaßten Versuchsergebnisse lassen weiterhin den Schluß zu, daß ein zusätzlicher Einfluß des Walzendurchmessers nicht vorliegt. Für die Walzversuche mit Schmierung ergeben sich sowohl beim Walzen in Duo- als auch in Quarto-Anordnung für eine Banddicke stets Geraden mit gleicher Steigung. Die Abweichung beträgt bei den acht mal zwei Versuchsreihen (einschließlich der Vorversuche)

2 x 0 %,
1 x 0,5 %,
1 x 1 %,
2 x 2 %,
1 x 4 %,
1 x 11 %

und liegt damit in der gleichen Größenordnung wie die Abweichung zweier gleichartiger Versuchsreihen aus den Vor- und Hauptversuchen.

Eine Gegenüberstellung der Versuchsergebnisse aus den Versuchen mit und ohne Vorverfestigung (Tab. 5) zeigt, daß die Geraden für das Walzen der vorverfestigten Proben flacher verlaufen. Ein Dickeneinfluß kann jedoch nicht vorliegen, da auch die Versuche an den 2 mm dicken, vorverfestigten Bändern gegenüber jenen an 2 mm dicken, nicht vorverfestigten zu kleineren Werten führen. Der Unterschied kann also nur im Reibverhalten begründet sein. Das kalt vorverformte Band hat ohne Zweifel gegenüber dem Warmband eine andere Oberflächenbeschaffenheit, woraus sich unterschiedliches Reibverhalten erklären läßt. Bei dem um 33 % vorverformten Band ist diese Erscheinung noch stärker ausgeprägt als bei dem um 25 % vorverformten, was zunächst auf eine mit steigender Kalt-Verfestigung günstigere Oberflächenausbildung hinsichtlich des Reibverhaltens schließen läßt.

Tab. 6 enthält im oberen Teil die Versuchsergebnisse der Bandproben, die aus dem 3 mm bzw. 2 mm dicken Warmband durch Kalt-Walzen und anschließendes Rekristallisationsglühen zusammengestellt wurden. Die von der Kalt-Verformung herrührende, gegenüber dem Warmband glattere Oberfläche dieser Proben blieb auch nach dem Glühen erhalten. Die Hälfte der auf diese Weise vorbereiteten Bandabschnitte wurde nach dem Glühen nochmals durch Kalt-Walzen vorverfestigt. Die an ihnen erzielten Versuchsergebnisse sind im unteren Teil der Tab. 6 gemeinsam mit jenen der vorverformten Warmbandproben eingetragen. Auch hier liegt insgesamt eine gute Übereinstimmung der Ergebnisse von sich entsprechenden Walzversuchen im Duo- und Quarto-Betrieb vor. Die Abweichungen bewegen sich zwischen 0 und 10 % und sind am größten bei den dünnen und stark vorverfestigten Bändern.

Für die Diskussion eines möglichen Banddickeneinflusses werden für je eine Banddicke die Ergebnisse der Duo- und Quartoversuche gemittelt (Tab. 6, rechte Spalte). Eine gewisse Schwankung der Versuchsergebnisse ist zwar zu verzeichnen, besonders in der unteren Tabellenhälfte (vorverfestigte Bandproben), es wird jedoch keine systematische Abhängigkeit von der Banddicke deutlich, etwa derart, daß mit kleiner werdender Banddicke die Geraden eindeutig steiler oder eindeutig flacher verlaufen. In der oberen Tabellenhälfte geht die Streuung nicht über den bisher stets beobachteten Bereich von $\pm$ 3 bis 4 % hinaus. Die Ergebnisse aus den Walzversuchen an den vorverfestigten Bändern streuen etwas mehr, etwa $\pm$ 7 %. Eine weitere Erscheinung ist augenfällig: Die Ergebnisse aus den Walzversuchen an vorverformten Bändern liegen deutlich über jenen der Versuche am vorgewalzten und geglühten Band. Ein umgekehrtes Verhalten kann an den in Tab. 5 gezeigten Ergebnissen beobachtet werden, das auf die Unterschiede der Oberflächenbeschaffenheit der Bänder (warm gewalztes Band gegenüber kalt gewalztem, geglühtem Band) zurückgeführt wird. Bei den Bandproben der in Tab. 6 dargestellten Versuchsergebnisse sind jedoch größere Unterschiede in der Oberflächenausbildung nicht zu erwarten, da hier auch das nicht vorverfestigte Band vor der letzten Glühbehandlung eine Verformung durch Kalt-Walzen erfahren hat. Ein Einfluß des Walzendurchmessers und der Banddicke kann aufgrund der vorangegangenen Überlegungen ebenfalls ausgeschlossen werden. Es muß demnach noch eine andere Ursache für unterschiedliches Reibverhalten geben. Geleji [35] gelangt zu der Überzeugung, daß beim Walzen mit Schmierung die zunächst metallische Reibung mit steigender Walzgeschwindigkeit in die gleitende Reibung und schließlich in die Flüssigkeitsreibung übergeht, wobei der Reibbeiwert stets sinkt, bis er im Falle der Flüssigkeitsreibung ein Minimum erreicht. Nach Funke [57] kommt zwar - entgegen der Auffassung einiger anderer Autoren [58 bis 60] - eine rein hydrodynamische Schmierwirkung im Walzspalt nicht vor; wesentlich erscheint hier jedoch lediglich - und darüber herrscht allgemein eine einheitliche Meinung -, daß der Reibbeiwert beim Walzen mit Schmierung mit zunehmender Geschwindigkeit zunächst stark und danach weniger schnell absinkt, bis er bei sehr hohen Walzgeschwindigkeiten praktisch einen konstanten, sehr niedrigen Wert annimmt (Abb. 6). Aus dieser Gegebenheit läßt sich folgern, daß bei konstanter Walzgeschwindigkeit mit steigendem Walzdruck eine Erhöhung des Reibbeiwertes verbunden sein muß, da in diesem Falle ein allmählicher Übergang von Flüssigkeitsreibung in Gleitreibung und schließlich in metallische Reibung stattfindet.

Es bleibt also festzustellen, ob bei den Walzversuchen an vorverfestigten Bändern ein höherer mittlerer Druck im Walzspalt herrscht als bei den Walzversuchen an nicht vorverfestigten Proben. Um der Gefahr einer Verwechslung von Ursache und Wirkung auszuweichen (bei gleicher mittlerer Formänderungsfestigkeit ist ja mit größerem vertikalen Druckspannungsverhältnis zwangsläufig ein größerer mittlerer Formänderungswiderstand verbunden), sollen hier nicht die mittleren Formänderungswiderstände, sondern die mittleren Formänderungsfestigkeiten miteinander verglichen werden. Für das Walzspaltverhältnis $l_d'/h_m = 5$ wird der zugehörige Wert der Stichabnahme ermittelt und danach aus der Fließkurve (Abb. 15) der Wert 1,15 k_{fm} abgelesen. Tab. 6 enthält die Werte 1,15 k_{fm} in der ersten Spalte. Im unteren Teil der Tab. 6, bei den Versuchsergebnissen aus vorverformtem Walzgut, ist der mittlere Walzdruck eindeutig wesentlich höher als bei den Versuchsergebnissen aus nicht vorverfestigtem Band. Aufgrund dieses höheren Druckes im Walzspalt werden die Reibbedingungen verschlechtert, was zu einer Erhöhung des vertikalen Druckspannungsverhältnisses führt.

3.4.6.2 Walzversuche mit Längszug

Der Längszug variiert zwischen 0 und 0,85 k_{f0} auf der Eintrittsseite und zwischen 0 und 0,4 k_{f1} auf der Austrittsseite des Walzspaltes. Bei Stichabnahmen von $\varepsilon = 15 \div 50$ % sind eine Vielzahl unterschiedlicher Kombinationen von σ_{10} und σ_{11} verwirklicht. Abb. 53a zeigt die Ergebnisse der unter Längszug durchgeführten Walzversuche, die bei der gewählten Diagrammform sehr gut durch eine Gerade aus dem Koordinatenschnittpunkt angenähert werden können. Die Abweichung von der Geraden beträgt im Mittel ± 3 %, die maximale ± 7 %.

Das Wesentliche an diesem Ergebnis ist jedoch, daß die Gerade exakt mit jener zusammenfällt, die aus den Walzversuchen ohne Längszug am gleichen Band resultiert (Abb. 52b). Das wird in Abb. 53b noch einmal verdeutlicht, in der die Ergebnisse aus den Abb. 52b und 53a gemeinsam dargestellt sind. Die Allgemeingültigkeit des Verfahrens für das Kalt-Walzen mit und ohne Längszug ist hiermit erwiesen. Eine Untersuchung des Längszugeinflusses bei anderen Banddicken und Walzendurchmessern erübrigt sich aufgrund der Feststellung, daß auch beim längszugfreien Walzen kein Einfluß dieser Walzparameter vorliegt.

4. Hinweise für die praktische Anwendung

Die experimentellen Untersuchungen dieser Arbeit können eine in Abschnitt 3.3 hergeleitete Beziehung (68) bestätigen, die in logarithmischer Form eine geradlinige Abhängigkeit zwischen dem sogenannten "vertikalen Druckspannungsverhältnis" $K = k_{wm}/(ck_{fm} - \sigma_{lm})$ und dem Walzspaltverhältnis l_d/h_m bei konstanten Reibverhältnissen voraussagt. Diese Abhängigkeit kann in wenigen Vorversuchen für ein Walzgerüst erstellt werden und ermöglicht bei Kenntnis der äußeren Längszugkräfte und der Fließkurve des Walzgutmaterials eine relativ einfache Berechnung der auftretenden Walzkraft für einen Walzfall mit beliebigem l_d/h_m. Ein zusätzlicher Einfluß anderer geometrischer Größen (z.B. h_0, R, ε) liegt nicht vor.

Es hat sich jedoch gezeigt, daß auch bei konstanten äußeren Schmierbedingungen die tatsächlichen Reibverhältnisse erstens von der Oberflächenbeschaffenheit des Walzgutes und zweitens von der absoluten Druckspannung im Walzspalt abhängen. Sowohl die Oberfläche als auch die Festigkeit des Bandes ändern sich mit der vorausgegangenen Vorverformung, so daß bei Verwendung des Verfahrens beispielsweise an einer mehrgerüstigen Walzstraße für jedes Walzgerüst die erwähnte Abhängigkeit getrennt ermittelt werden sollte, auch bei gleichen Walzen und gleichen Schmierverhältnissen in allen Gerüsten.

Der Einfluß des absoluten Walzdruckes auf den Reibbeiwert läßt sich an der Physik des Reibvorganges beim Übergang von metallischer Reibung über die Gleitreibung zur Flüssigkeitsreibung erklären (Abschnitt 3.4.6.1). Die Walzversuche zu dieser Arbeit konnten nur bei 5 m/min durchgeführt werden, einer Walzgeschwindigkeit, die in Verbindung mit den relativ hohen Walzdrücken (bis 160 kp/mm^2) offensichtlich noch den Zustand metallischer Reibung - eventuell im Übergangsstadium zur Gleitreibung - hervorruft. Man kann jedoch annehmen, daß bei den in der Praxis üblichen Walzgeschwindigkeiten von 300 bis 1800 m/min [4], bei denen zumindest annähernd Flüssigkeitsreibung vorliegt, der Walzdruck den Reibbeiwert nur noch geringfügig beeinflußt. Ähnliches dürfte auch für den Einfluß der Band-Oberflächenbeschaffenheit gelten, der aller Voraussicht nach um so geringer wird, je mehr sich der Zustand der Reibung jenem der Flüssigkeitsreibung nähert.

Die Berücksichtigung der Walzenabplattung ist nicht grundsätzlich notwendig, führt jedoch in jedem Fall zu besseren Ergebnissen. Die Abplattungsberechnung nach Hitchcock vergrößert den Aufwand bei der Ermittlung der vorliegenden Abhängigkeit kaum, erfordert jedoch ein iteratives Vorgehen bei der Anwendung der Methode. Da l_d'/h_m zunächst noch unbekannt ist, beginnt der erste Berechnungsschritt mit l_d/h_m, woraus hintereinander in erster Näherung K, k_{wm} und P bestimmt werden. Mit P kann danach näherungsweise der Ersatzradius nach Gl. (25) und somit l_d'/h_m errechnet werden. Dieses Vorgehen wird so lange fortgesetzt, bis die Differenz zweier nacheinander ermittelter Walzkräfte klein genug ist. Auf die Berücksichtigung der Walzenabplattung sollte möglichst nicht verzichtet werden, wenn bei der Anwendung des Verfahrens ein Elektronenrechner eingesetzt wird. Es ist leicht einzusehen, daß die Abplattung bei der Anwendung des Verfahrens nur berücksichtigt werden darf, wenn dies auch bei der Ermittlung der Abhängigkeit geschah, da sonst von falschen Voraussetzungen ausgegangen wird. Gleiches gilt natürlich für den umgekehrten Fall.

Beim Walzen sehr dünner, harter Bänder mit relativ großem Walzendurchmesser kann das nach der Hitchcockschen Beziehung errechnete Verhältnis R'/R den Wert 2 schnell überschreiten, was zu größeren Fehlern in der Abplattungsberechnung führt. Dann muß gegebenenfalls auf ein anderes Verfahren zur Berechnung der Walzenabplattung zurückgegriffen werden.

Gleichzeitig mit derartig hohen Walzenabplattungen tritt jedoch auch oft - insbesondere beim Folienwalzen - Walzenberührung neben dem Band auf. Damit ist natürlich eine echte Grenze der Anwendbarkeit des hier vorgestellten Verfahrens erreicht, wenn der neben dem Walzgut übertragene Anteil der Walzkraft nicht eliminiert werden kann.

5. Zusammenfassung

Die herkömmlichen Berechnungsverfahren - sofern es sich nicht um strenge, auf den Walztheorien fußende Lösungsversuche handelt - sind auf die Grundidee zurückzuführen, nach der die Walzkraft beim Kalt-Walzen außer von der Formänderungsfestigkeit des Walzgutwerkstoffes und der Größe der gedrückten Fläche auch noch vom sogenannten Formänderungswirkungsgrad abhängt, der die beim Walzvorgang auftretenden Verluste kennzeichnet und im wesentlichen eine Funktion der Reibung und der Walzspaltgeometrie ist. Der Einfluß äußerer, am Walzgut angelegter Längszüge wird dabei stets derart berücksichtigt, daß der Formänderungswirkungsgrad davon nicht betroffen wird, obwohl man grundsätzlich von einer Beeinflussung desselben durch die Längszüge weiß. Die Schwierigkeit liegt jedoch darin, daß der Formänderungswirkungsgrad experimentell ermittelt werden muß. Beim längszugfreien Walzen lassen sich relativ problemlos Tabellen und Diagramme für η_f erstellen, wogegen dieses Unternehmen für das Walzen mit Längszug bei der Vielzahl der Kombinationsmöglichkeiten von Vorwärtszug, Rückwärtszug, Stichabnahme, Walzspaltgeometrie und Reibung aussichtslos ist. Der Begriff des Formänderungswirkungsgrades ist daher für die Walzkraftberechnung äußerst ungeeignet, wenn der Einfluß von Längszügen zu berücksichtigen ist. Er stammt aus der Zeit, als das Walzen mit Längszug aufgrund der technischen Entwicklung noch nicht die heutige Bedeutung hatte und wurde später in die Berechnungsverfahren für das Walzen mit Längszug übernommen.

In der vorliegenden Arbeit wird eine Methode zur Walzkraftberechnung vorgestellt, die sich nicht mehr auf den Begriff des Formänderungswirkungsgrades stützt. Aus ähnlichkeitstheoretischen Überlegungen wird eine umformtechnische Kenngröße entwickelt, die für das Walzen mit und ohne Längszug den gleichen Wert annimmt, wenn geometrische Ähnlichkeit und gleiche Reibverhältnisse vorliegen. Diese Kenngröße

$$K = \frac{k_{wm}}{ck_{fm} - \sigma_{lm}},$$

die für den Fall des längszugfreien Walzens unter dem Begriff "plastostatische Ähnlichkeitskenngröße" bereits bekannt ist und dann die Größe k_{wm}/ck_{fm} annimmt, kann als das Verhältnis von realer zu ideeller vertikaler Druckspannung im Walzspalt interpretiert werden. Es wird gezeigt, daß K nach einer Exponentialfunktion von der Reibung und der Walzspaltgeometrie abhängt und die Form

$$K = \frac{k_{wm}}{ck_{fm} - \sigma_{1m}} = \exp(f(\mu) \cdot \frac{l_d}{h_m})$$

annimmt. Ein wesentlicher Vorteil des Verfahrens liegt in der mathematischen Form der gefundenen Abhängigkeit. Trägt man die Größe K logarithmisch über l_d/h_m auf, so ergibt sich eine Gerade mit der Steigung $f(\mu)$, wobei es für das Verfahren bedeutungslos bleibt, in welcher Weise die Funktion f von μ abhängt. Aufgrund dieser geradlinigen Abhängigkeit zwischen lnK und l_d/h_m bei konstantem Reibbeiwert μ bietet sich die Möglichkeit, das erwähnte Diagramm mittels weniger Versuchspunkte - prinzipiell genügt ein einziger - zu erstellen. Die Gerade durch diesen Punkt und den Koordinatenschnittpunkt (l_d/h_m = 0, K = 1) kennzeichnet dann alle möglichen Walzfälle, sofern die Reibverhältnisse nicht verändert werden.

Die Berücksichtigung der Walzenabplattung ist bei hohen Anforderungen an die Genauigkeit der Walzkraftbestimmung notwendig. Es wird hierfür die Berechnungsmethode nach Hitchcock [19] vorgeschlagen. Die Ermittlung der erwähnten Abhängigkeit wird durch die Berücksichtigung der Walzenabplattung nicht wesentlich erschwert, jedoch erfordert diese Maßnahme bei der Anwendungdes Verfahrens eine aufwendige Iteration.

Umfangreiche Untersuchungen beim Kaltwalzen von Band aus USt 37 bestätigen die Brauchbarkeit des beschriebenen Verfahrens. Walzversuche an sechs unterschiedlichen Banddicken zwischen 0,67 und 3 mm bei Verwendung zweier Arbeitswalzen-Paare (126,5 mm Ø und 290 mm Ø) zeigen eindeutig, daß mit dem Walzspaltverhältnis l_d/h_m die Walzspaltgeometrie in genügender Weise gekennzeichnet ist. Trotz gleicher äußerer Schmierbedingungen zeigen sich dann Abweichungen im Reibverhalten, wenn aufgrund der Vorgeschichte (Probenvorbereitung) eine gleiche Oberflächenbeschaffenheit der Bänder nicht mehr gewährleistet ist. Ebenso machen Walzversuche an vorverfestigten Bandproben deutlich, daß ein Einfluß der Härte bzw. der Formänderungsfestigkeit des Walzgutes auf die Steigung der Geraden insofern vorliegt, als mit größerem mittleren Walzdruck der Reibbeiwert erhöht wird. Beide Einflüsse auf das Reibverhalten (Oberflächenbeschaffenheit und Größe des Walzdruckes) dürften sich jedoch bei den in der Praxis üblichen Walzgeschwindigkeiten verlieren, die um etwa zwei bis drei Zehnerpotenzen höher liegen als die für die Untersuchungen verwirklichte Walzgeschwindigkeit von 5 m/min. Bei hohen Walzgeschwindigkeiten liegt ein Reibmechanismus vor, der den hydrodynamischen Schmierverhältnissen in einem Gleitlager ähnelt. Demgegenüber kann man bei niedrigen Walzgeschwindigkeiten eher vom Zustand metallischer Reibung sprechen.

Ein wesentliches Merkmal des hier vorgestellten Berechnungsverfahrens ist die zwanglose Einordnung des Längszugeinflusses.

Nicht das Walzen mit Längszug, sondern das längszugfreie Walzen wird als ein Sonderfall des allgemeinen Walzvorganges interpretiert. Die erzielten Versuchsergebnisse beim Walzen mit Längszug bestätigen deutlich, daß mit dem ähnlichkeitstheoretischen Ansatz die realen Verhältnisse gut beschrieben werden.

Die Brauchbarkeit des Verfahrens für die Belange der Praxis ist vorauszusehen, muß sich jedoch noch durch gezielte Untersuchungen an unter praxisnahen Bedingungen betriebenen Walzwerken, besonders bei hohen Walzgeschwindigkeiten, erweisen.

Literaturverzeichnis

[1] Sims, R.B. und D.F. Arthur, J. Iron Steel Inst. 172 (1952), S. 285; vgl. Stahl u. Eisen 73 (1953), S. 670.
[2] Funke, P. und H. Jung, Z. Metallkde. 61 (1970), S. 481/487.
[3] Kuske, A., P. Funke, V. Röth und E.R. Koch, Stahl u. Eisen 92 (1972), S. 913/922.
[4] Weber, K.-H., Neue Hütte 16 (1971), S. 81/87.
[5] v. Karman, Th., Z. angew. Math. Mech. 5 (1925), S. 139/141.
[6] Siebel, E., Stahl u. Eisen 45 (1925), S. 1563/1566.
[7] Kneschke, A., Freiberg. Forsch.-H. B 16 (1957), S. 5/34.
[8] Troost, A., Arch. Eisenhüttenwes. 38 (1967), S. 191/197.
[9] Betten, J., Dr.-Ing.-Diss., R-W TH Aachen 1968.
[10] Hollmann, F.-W., Dr.-Ing.-Diss., R-W TH Aachen 1969.
[11] Köller, P., Dr.-Ing.-Diss., R-W TH Aachen 1969.
[12] Lange, K., Lehrbuch d. Umformtechnik, Bd. 1, Springer-Verlag Berlin/ Heidelberg 1972.
[13] Tresca, H., C.R. Acad. Sci. Paris 59 (1864), S. 754 und 764; (1867), S. 809.
[14] v. Mises, R., Göttinger Nachr. math. phys. Klasse (1913), S. 582/592.
[15] Taylor, G.I. und H. Quinney, Trans. Roy. Soc. London, Ser. A, 230 (1931), S. 323/362.
[16] FAG Wälzlager in Walzgerüsten, Publ.-Nr. 17100.
[17] Fink, C., Z. Berg-, Hütten- und Salinenw. 22 (1874), S. 200/220.
[18] Troost, A., H. Grefkes und K.-H. Hölling, Stahl u. Eisen 82 (1962), S. 957/963.
[19] Trinks, W. und J.H. Hitchcock, Roll neck bearings. Am.Soc. Mech. Eng., New York (1935), S. 33/41.
[20] Prescott, J., Applied elasticity, London (1924).
[21] Hertz, H., Gesammelte Werke, Bd. 1, Leipzig (1895).
[22] Bland, D.R. und H. Ford, J. Iron Steel Inst. 171 (1952), S. 245/249.
[23] Airy, G.B., Brit. Assoc. Rep. 1862, Phil. Trans. Roy. Soc. 153 (1863), S. 49.
[24] Föppl, L., Drang und Zwang, Bd. III, S. 61, München (1947).
[25] Jortner, D., J.F. Osterle und C.F. Zorowski, Int. J. Mech. Sci. Pergamon, Press. Ltd. 2 (1960), S. 179/194.
[26] Zorowski, C.F. und A.S. Weinstein, Iron Steel Eng. 38 (1961), S. 99/ 105.
[27] Orowan, E., J. u. Proc. Instn. mech. Eng. Lond., 150 (1944), S. 140/ 167.
[28] Lippmann, H. und O. Mahrenholtz, Forschungsauftrag Pe 36/4 der Deutschen Forschungsgemeinschaft, Einzelbericht über das Walzen.
[29] Bland, D.R., Proc. Instn. mech. Eng. 163 (1950), S. 141/144.
[30] Pawelski, O. und H. Schroeder, Arch. Eisenhüttenwes. 39 (1968), S. 747/754.
[31] Pawelski, O. und H. Schroeder, Arch. Eisenhüttenwes. 40 (1969), S. 867/873.
[32] Ekelund, S., Jernkont. Ann. 111 (1927), S. 39/97; vgl. Stahl u. Eisen 49 (1929), S. 706.
[33] Bland, D.R. und H. Ford, Proc. Instn. mech. Eng. 159 (1948), S. 144/ 163.
[34] Zelikow, A.I., Lehrbuch des Walzwerksbaus, Berlin 1957.
[35] Geleji, A., Bildsame Formung der Metalle in Rechnung und Versuch, Berlin 1960.
[36] Niederstein, H., Die Berechnung von Walzkraft und Walzleistung beim Kaltwalzen von Bändern und Blechen, Hemer-Sundwig 1962.
[37] Billigmann, J. und A. Pomp, Stahl u. Eisen 74 (1954), S. 441/461.
[38] Wiegels, H., Studienarbeit am Inst. f. Bilds. Formg., R-W TH Aachen (unveröffentl.).
[39] Strandell, P.O. und A. Leufven, Jernk. Ann. 137 (1953), S. 104/114; siehe auch: Sonderdruck WTM 83, SKF Kugellagerfabriken GmbH, Schweinfurt.
[40] Sevakin, J.F. und F.S. Sejdaliev, Stal in Deutsch (1967), S. 979/982.

[41] Zelikow, A.I., Stal in Deutsch (1963), S. 398/400.
[42] Korolew, A.A., Stal in Deutsch (1963), S. 1434/1437.
[43] Lueg, W. und F. Schultze, Stahl u. Eisen 60 (1940), S. 1173/1180.
[44] Lueg, W. und E. Greiner, Stahl u. Eisen 69 (1949), S. 879/884.
[45] Wiesner, F., Hutnicke Listy 11 (1956), S. 433/437.
[46] Hessenberg, W.C.F. und R.B. Sims, J. Iron Steel Inst. 168 (1951), S. 155/164.
[47] Vater, M. und J. Petersen, Arch. Eisenhüttenwes. 36 (1965), S. 559/564.
[48] Larke, E.C., The Rolling of Strip, Sheet and Plate, London 1963.
[49] Leufven, A. und O. Iko, Die Kugellager-Zeitschrift Nr. 141 und 142.
[50] Emicke, O., Nomogramme für die Praxis des Warm- und Kaltwalzens von Stahl, Edelstählen und Nichteisenmetallen, Berlin 1962.
[51] Piorko, I., Das Berechnen von Stichplänen beim Kaltwalzen dünner Bänder, vorgetragen anläßlich des 8. verformungskundl. Kolloquiums, R-W TH Aachen 1972, erscheint demnächst.
[52] Pawelski, O., Arch. Eisenhüttenwes. 35 (1964), S. 27/36.
[53] Pawelski, O. und E. Neuschütz, Forschungsberichte des Landes Nordrhein-Westfalen, Nr. 1775.
[54] Polzin, R.R., Fließdiagramm für geometrisch einfache Vollquerschnitte, Dr.-Ing.-Diss., R-W TH Aachen 1972.
[55] Lueg, W. und A. Pomp, Mitt. K-W-Inst. 17 (1935), S. 219/230.
[56] Petersen, J., Dr.-Ing.-Diss., R-W TH Aachen 1964.
[57] Funke, P., Grundlagen der bildsamen Formgebung, Verlag Stahleisen, Düsseldorf 1966, S. 239/268.
[58] Tóth, L., Acta Technica Academiae Scientiarum Hungaricae 66 (1969), S. 369/375.
[59] Bedi, D.S., u.a., Int. J. Mech. Sci. 12 (1970), S. 827/836.
[60] Ichinoi, J. und G. Tomizawa, Tribology in iron and steelmaking. (ISI Publ. 125), London 1970, S. 331/335.

Anhang

a) Tabellen

Tab. 1: Versuchs- und Rechenergebnisse beim Kaltwalzen mit Längszug von USt 37
Versuchsbedingungen: Bandabmessungen 100 x 2 mm (geglühtes Warmband)
Walzendurchmesser 130 mm (Quarto)
Walzenoberfläche poliert
Schmierung mit Öl

h_0	h_1	P	Z_0	Z_1	ε	$1{,}15\ k_{fm}$	σ_{10}	σ_{11}	σ_{1m}	R'/R	k_{wm}	l'_d/h_m	$K = \frac{k_{wm}}{ck_{fm} - \sigma_{1m}}$
mm	mm	Mp	Mp	Mp	%	kp/mm^2	kp/mm^2	kp/mm^2	kp/mm^2	-	kp/mm^2	-	-
2,05	1,615	36,2	0,65	0,47	21,2	44,1	3,2	2,9	2.8	1,18	62,3	3,15	1,51
2,05	1,58	35,4	1,41	1,02	22,9	45,0	6,8	6,5	6,2	1,16	59,0	3,3	1,53
2,06	1,56	34,3	2,02	0,97	24,3	45,5	9,8	6,2	8,0	1,16	55,9	3,4	1,50
2,06	1,55	33,5	2,2	1,87	24,9	45,8	10,7	12,1	10,5	1,14	53,9	3,4	1,53
2,055	1,525	31,7	2,5	2,46	25,6	46,0	12,2	16,1	12,7	1,13	50,7	3,45	1,52
2,05	1,395	38,5	2,5	2,46	31,9	48,2	12,2	17,6	13,9	1,13	55,2	4,05	1,60
2,05	1,415	39.5	1,62	2,44	31,0	47,9	7,9	17,2	10,8	1,14	57,4	3,95	1,55
2,05	1,44	41,3	2,02	1,18	29,8	47,5	9,8	8,2	9,0	1,15	61,0	3,85	1,58
2,05	1,45	42,2	2,02	0,65	29,3	47,4	9,8	4,5	7,8	1,15	62,5	3,8	1,58
2,05	1,465	43,2	1,41	0,4	28,5	47,0	6,8	2,7	5,2	1,16	64,7	3,75	1,54
2,05	1,495	44,8	0,53	0,4	27,2	46,7	2,6	2,7	2,5	1,18	68,3	3,7	1,55
2,055	1,5	44,8	1,0	0	27,0	46,6	4,9	0	3,1	1,18	68,5	3,7	1,58
2,06	1,455	42,4	2,5	0	29,4	47,4	12,2	0	7,9	1,15	62,6	3,8	1,58
2,06	1,11	67,0	2,43	0	46,1	52,5	11,8	0	8,6	1,15	79,0	5,3	1,80
2,06	1,065	63,1	2,33	1,58	48,3	53,2	11,3	14,8	13,8	1,14	73,2	5,5	1,86
2,06	1,055	63,1	2,43	2,43	48,8	53,3	11,8	23,0	17,3	1,14	72,9	5,55	2,03
2,05	1,18	70,7	1,41	0	42 4	51,5	6,8	0	4,8	1,18	86,2	5,05	1,85
2,05	1,09	65,0	3,05	0	46,8	52,7	14,8	0	10,9	1,15	76,4	5,35	1,83
2,05	1,045	62,5	2,95	1,41	49,0	53,3	14,3	13,5	15,7	1,14	72,2	5,55	1,91
2,05	1,015	60,5	3,0	2,35	50,5	53,7	14,6	23,2	19,7	1,13	69,1	5,7	2,03

Tab. 2: Versuchs- und Rechenergebnisse beim Kaltwalzen mit Längszug von USt 37
Versuchsbedingungen: Bandabmessungen 100 x 2 mm (geglühtes Warmband)
Walzendurchmesser 130 mm (Quarto)
Walzenoberfläche poliert
Schmierung mit Öl

h_0	h_1	P	Z_0	Z_1	ε	1,15 k_{fm}	10	11	lm	R'/R	k_{wm}	l'_d/h_m	$K = \frac{k_{wm}}{ck_{fm} - lm}$
mm	mm	Mp	Mp	Mp	%	kp/mm^2	kp/mm^2	kp/mm^2	kp/mm^2	-	kp/mm^2	-	-
2,05	1,11	53,5	3,25	2,33	45,9	52,5	15,8	21,0	19,2	1,13	64,2	5,25	1,93
2,05	1,15	55,1	3,25	1,2	43,9	51,8	15,8	10,4	15,1	1,13	67,3	5,05	1,83
2,05	1,19	58,4	3,13	0	43,0	41,3	15,2	0	10,8	1,14	72,5	4,9	1,79
2,055	1,235	61,1	2,02	0,28	39,9	50,6	9,8	2,3	7,7	1,16	77,2	4,8	1,80
2,06	1,27	64,0	1,13	0,2	38,3	50,2	5,5	1,6	4,4	1,18	81,8	4,65	1,79
2,06	1,25	61,5	1,18	1,54	39,3	50,5	5,8	12,3	8,3	1,17	78,1	4,75	1,85
2,06	1,205	60,5	1,35	2,07	41,5	51,2	6,6	17,2	10,8	1,15	75,1	4,9	1,86
2,055	1,38	46,7	0,95	2,8	32,8	48,5	4,6	20,3	9,8	1,15	65,3	4,15	1,69
2,055	1,275	41,5	3,63	2,7	38,0	50,1	17,7	21,2	19,5	1,12	54,9	4,55	1,80
2,055	1,33	43,4	3,45	1,14	35,3	49,3	16,8	8,6	14,3	1,13	59,1	4,3	1,69
2,055	1,355	45,0	3,45	0,25	34,1	48,8	16,8	1,8	11,9	1,14	62,2	4,2	1,68
2,055	1,36	45,0	2,31	1,9	33,8	48,7	11,3	14,0	12,2	1,14	62,4	4,2	1,71
2,055	1,395	47,5	1,05	1,8	32,1	48,3	5,1	12,9	7,6	1,16	67,1	4,1	1,65
2,055	1,445	50,8	0,65	0,33	29,7	47,5	3,2	2,3	2,8	1,18	73,8	3,9	1,65
2,055	1,61	37,2	0,65	0,33	21,7	44,5	3,2	2,1	2,6	1,18	63,3	3,2	1,51
2,06	1,595	36,6	0,65	1,73	22,6	44,9	3,2	10,8	5,3	1,17	61,2	3,25	1,55
2,06	1,555	34,8	1,54	2,73	24,5	45,6	7,5	17,5	10,1	1,15	56,3	3,45	1,59
2,06	1,555	34,1	2,7	1,13	24,6	45,7	13,2	7,3	10,5	1,15	55,3	3,45	1,57
2,06	1,565	34,8	2,68	0,31	23,8	45,3	13,1	2,0	8,7	1,16	57,0	3,35	1,56
2,06	1,635	29,6	2,73	0,32	20,4	43,7	13,3	2,0	8,6	1,15	52,5	3,05	1,50
2,05	1,7	24,9	2,56	0,25	17,1	42,0	12,5	1,5	7,8	1,16	48,3	2,75	1,41
2,05	1,685	24,3	3,05	1,63	17,8	42,4	14,9	9,7	11,6	1,15	46,3	2,8	1,50
2,055	1,7	25,3	1,62	2,9	17,3	42,1	7,9	17,1	9,6	1,16	48,7	2,75	1,50

Tab. 3: Versuchsergebnisse beim Kaltwalzen ohne Längszug von USt 37
Versuchsbedingungen.

Bandabmessungen	100 x 2 mm
Walzendurchmesser	130 mm (Quarto)
Walzenoberfläche	poliert
Schmierung	mit Öl

Band-probe	h_0	h_1	P	R'/R	k_{wm}	ε
Meß-stelle	mm	mm	Mp	-	kp/mm^2	%
1/1	2,05	1,94	13,6	1,27	45,2	5,4
1/2	2,05	1,785	26,9	1,22	58,5	12,9
1/3	2,05	1,585	42,6	1,20	70,6	22,7
1/4	2,05	1,415	55,4	1,19	79,0	31,0
1/5	2,05	1,23	70,3	1,19	88,3	40,0
2/1	2,05	1,865	20,5	1,24	52,9	9,0
2/2	2,05	1,755	29,1	1,21	60,3	14,4
2/3	2,05	1,61	40,5	1,2	68,9	21,6
2/4	2,05	1,495	49,2	1,19	74,9	27,9
2/5	2,05	1,35	61,6	1,19	83,6	34,1
2/6	2,05	1,175	76,1	1,19	92,4	42,7
3/1	2,04	1,92	15,7	1,29	49,6	5,9
3/2	2,04	1,645	37,0	1,21	66,5	19,4
3/3	2,04	1,305	64,5	1,19	85,4	36,0
3/4	2,04	0,995	88,9	1,19	99,0	51,2
3/5	2,04	0,425	134,7	1,18	120,9	79,2
3/6	2,04	0,845	93,0	1,17	97,5	58,6
4/1	2,04	1,97	8,7	1,27	36,1	3,4
4/2	2,04	1,825	21,7	1,22	52,5	10,5
4/3	2,04	1,585	40,1	1,19	67,5	22,3
4/4	2,04	1,445	52,1	1,19	76,7	29,1
4/5	2,04	1,275	67,0	1,19	87,1	37,4
4/6	2,04	1,16	76,1	1,19	92,2	43,1
5/1	2,05	2,01	6,4	1,35	34,2	2,0
5/2	2,05	1,75	28,7	1,21	59,1	14,6
5/3	2,05	1,475	50,8	1,19	76,1	28,0
5/4	2,05	1,275	66,1	1,19	85,6	37,7

Tab. 4: enthält Werte für den Formänderungswiderstand, die der Kurve in Abb. 52a für ε = 5, 10, 15, ... 50 % entnommen wurden sowie die daraus errechneten Werte für das vertikale Druckspannungsverhältnis k_{wm}/ck_{fm} und das Walzspaltverhältnis l'_d/h_m

ε	k_{wm}	$K = \frac{k_{wm}}{ck_{fm}}$	$\frac{l'_d}{h_m}$
%	kp/mm^2	-	-
5	42	1,33	1,45
10	52	1,41	2,05
15	60	1,47	2,6
20	66,5	1,53	3,05
25	72,3	1,58	3,5
30	77,8	1,63	3,9
35	83,3	1,7	4,4
40	88,5	1,75	4,85
45	93,3	1,79	5,3
50	98	1,82	5,75

Tab. 5: Versuchsergebnisse der 3 mm bzw. 2 mm dicken Warmbandproben sowie der durch Kaltwalzen vorverfestigten Warmbandproben beim Kaltwalzen mit und ohne Schmierung (...) aus Vorversuchen

Abb.-Nr.	Bemerkungen	Banddicke h_0 mm	ursprüngl. Warmbanddicke mm	Vorverformung ε_v %	Duo- bzw. Quarto-Anordnung	$(\frac{k_{wm}}{ck_{fm}})$ $l'_d/h_m=5$ -
25	mit Schmierung	3	3	-	D	1,61 (1,64)x
26		3	3	-	Q	1,58 (1,48)
27		2	2	-	D	1,62 (1,64)x
28		2	2	-	Q	1,63 (1,64)x
29		2	3	33	D	1,39 (1,45)x
30		2	3	33	Q	1,39 (1,48)
31		1,5	2	25	D	1,5 (1,48)x
32		1,5	2	25	Q	1,44 (1,5)x
17	ohne Schmierung	3	3	-	D	1,69 (1,9)
18		3	3	-	Q	1,8 (1,58)
19		2	2	-	D	1,69 (2,05)
20		2	2	-	Q	2,05 (-)
21		2	3	33	D	1,62 (1,63)x
22		2	3	33	Q	1,75 (1,68)x
23		1,5	2	25	D	1,68 (1,57)
24		1,5	2	25	Q	1,89 (1,67)

Tab. 6: Versuchsergebnisse der aus dem Warmbad durch Kaltwalzen und Glühen vorbereiteten sowie der vorverformten Bandproben beim Kaltwalzen mit Schmierung

Bemerkungen Abb.-Nr.	$1{,}15\ k_{fm}$ kp/mm²	Banddicke h_0 mm	ursprüngl. Warmbanddicke mm	Vorverformung ε_v %	Duo- bzw. Quarto-Anordnung	$(\frac{k_{wm}}{ck_{fm}})$	$l_d'/h_m=5$ -
33	47,5	2,5	3	-	D	1,2	1,2
34	52	2,5	3	-	Q	1,19	
35	45	2	3	-	D	1,15	1,17
36	51	2	3	-	Q	1,18	
37	43	1,5	3	-	D	1,17	1,2
38	48	1,5	3	-	Q	1,24	
39	43	1,5	2	-	D	1,23	1,24
40	48	1,5	2	-	Q	1,25	
41	37	1	2	-	D	1,23	1,23
29	66	2	3	33	D	1,39	1,39
30	68	2	3	33	Q	1,39	
42	60	2	3	20	D	1,32	1,31
43	64	2	3	20	Q	1,3	
44	60	1,5	3	25	D	1,44	1,49
45	62	1,5	3	25	Q	1,54	
46	62	1	3	33	D	1,38	1,42
47	64	1	3	33	Q	1,46	
31	63	1,5	2	25	D	1,5	1,47
32	65	1,5	2	25	Q	1,44	
48	61	1	2	33	D	1,39	1,45
49	62	1	2	33	Q	1,51	
50	56	0,67	2	33	D	1,35	1,42
51	67	0,67	2	33	Q	1,48	

b) Abbildungen

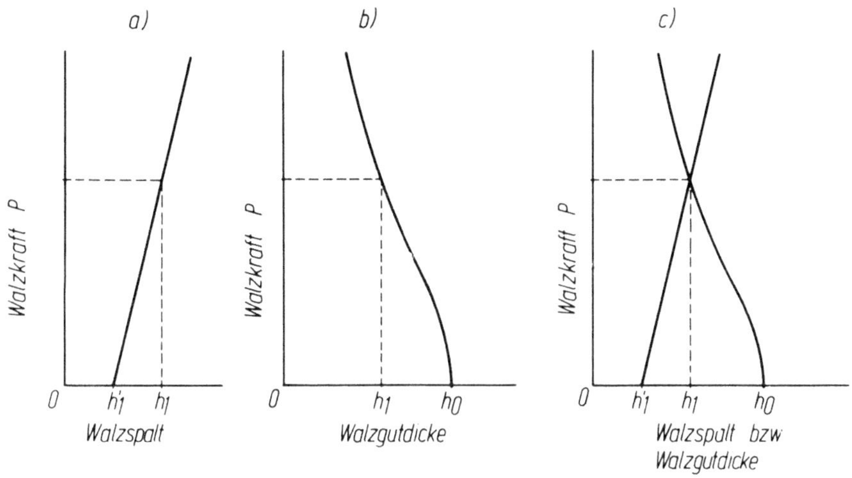

Abb. 1: Elastische Kennlinie des Walzgerüstes und plastische Kennlinie des Walzgutes

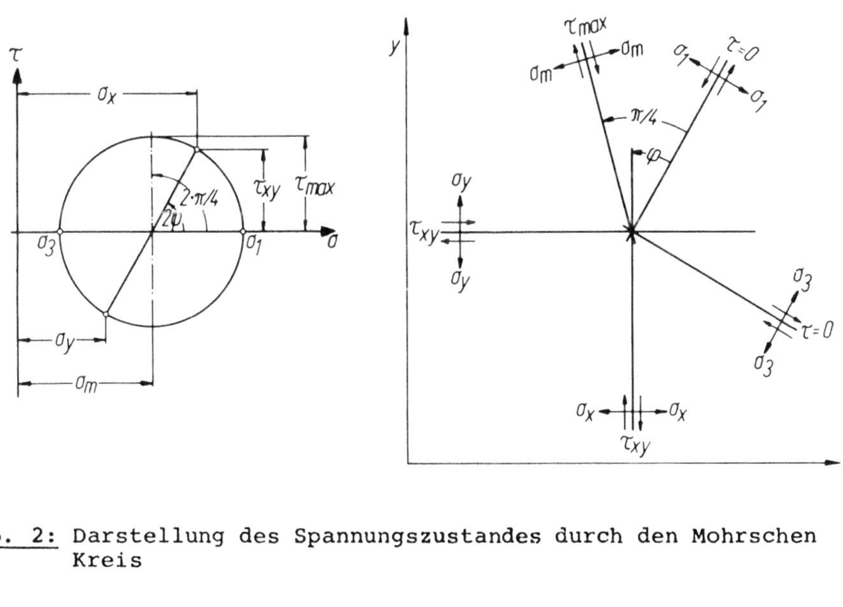

Abb. 2: Darstellung des Spannungszustandes durch den Mohrschen Kreis

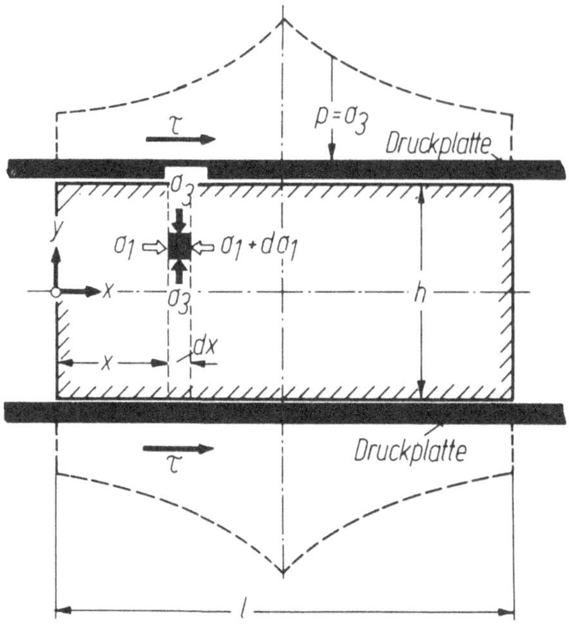

Abb. 3: Verlauf der vertikalen Druckspannung beim Stauchen zwischen zwei parallelen Platten

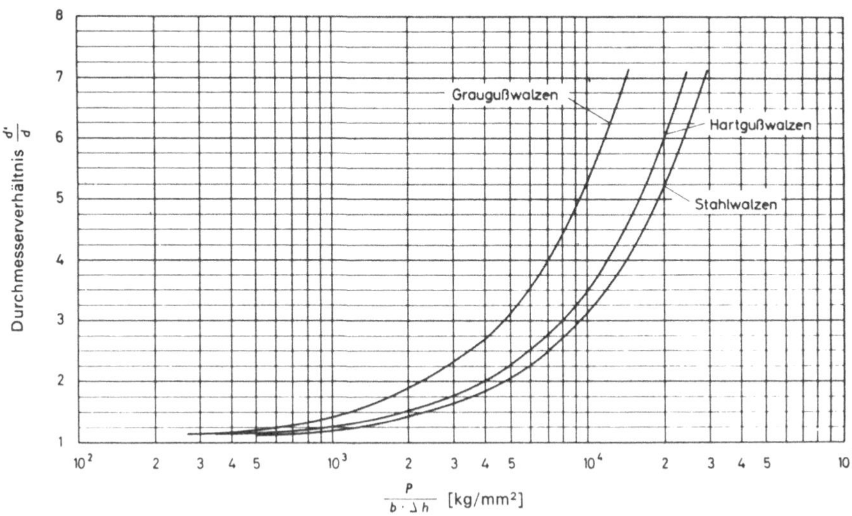

Abb. 4: Verhältnis des abgeplatteten Walzendurchmessers zum unverformten Walzendurchmesser in Abhängigkeit von der auf die Walzgutbreite und die absolute Stichabnahme bezogenen Walzkraft (nach Bland und Ford [22])

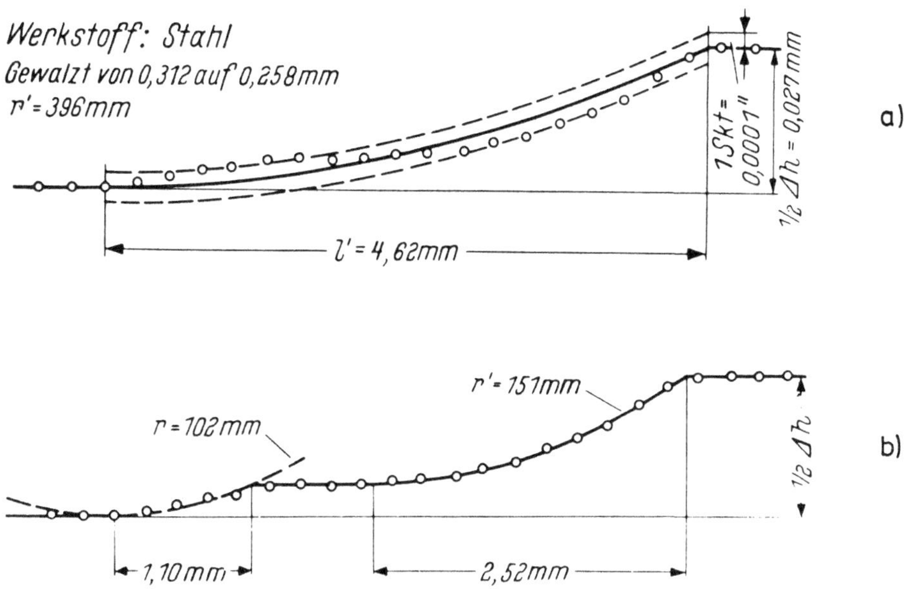

Abb. 5: a) Vergleich zwischen gemessenem [27] und berechnetem [19] Berührungsbogen

b) Aufteilung des Berührungsbogens in einen solchen aus zwei Teilwalzen zusammengesetzten nach der Vorstellung von Orowan [27]

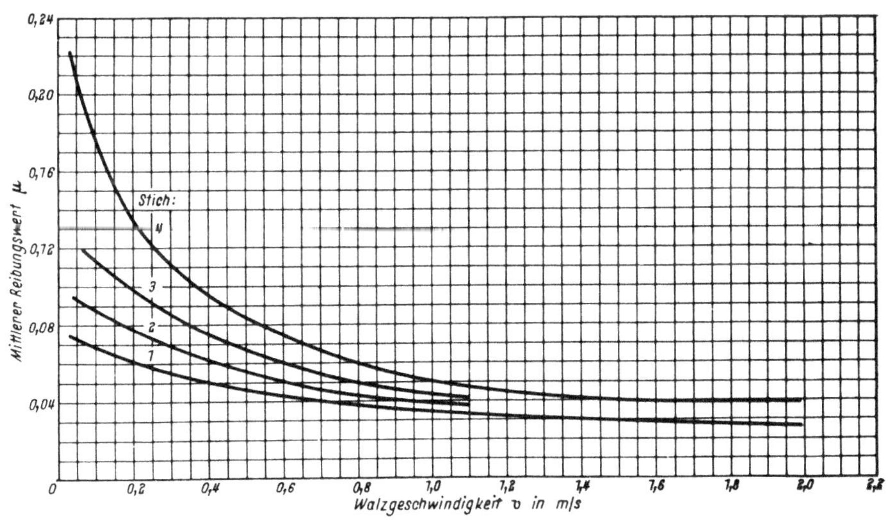

Abb. 6: Mittlerer Reibbeiwert μ beim Kalt-Walzen von Stahlband mit Ölschmierung nach Geleji [35]

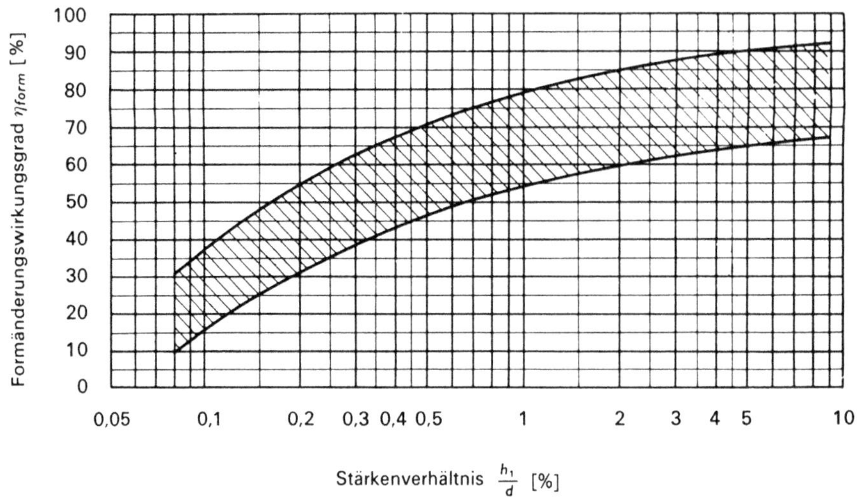

Abb. 7: Formänderungswirkungsgrad beim Kalt-Walzen von Stahl-, Kupfer- und Aluminiumbändern, mit und ohne Schmierung [16]

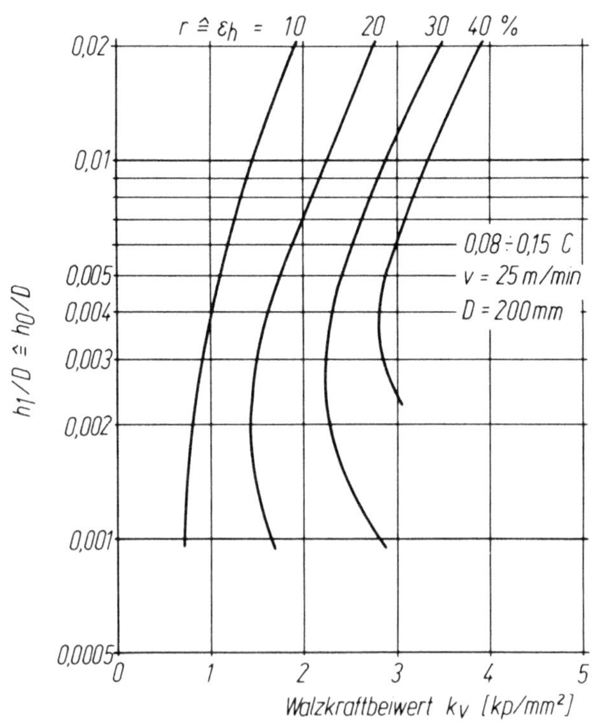

Abb. 8: Walzkraftbeiwert k_V in Abhängigkeit vom Dickenverhältnis h_0/D nach Strandell und Leufven [39] (Auszug aus Abb. 2a der zitierten Arbeit)

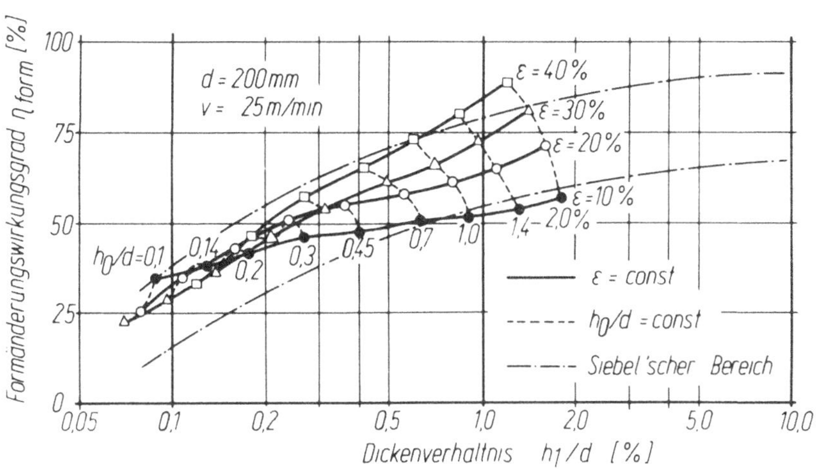

Abb. 9: Formänderungswirkungsgrad, errechnet aus dem in Abb. 8 dargestellten Walzkraftbeiwert k_v eines weichen C-Stahles mit 0,08 bis 0,15 % C [38]

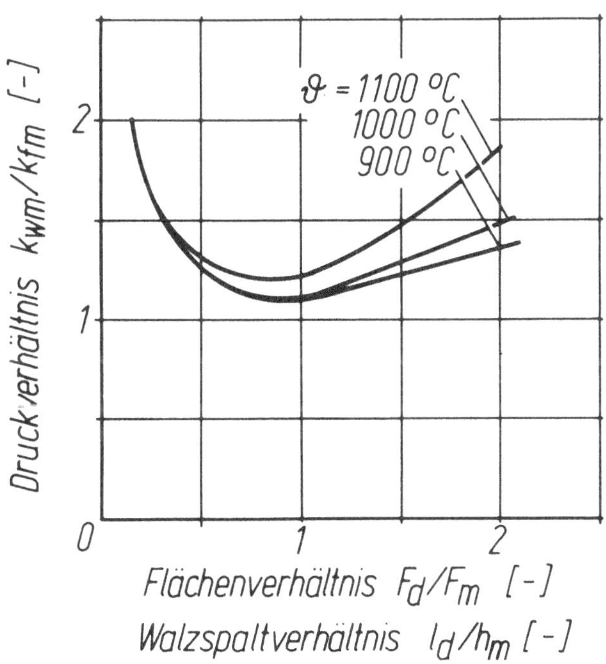

Abb. 10: Abhängigkeit des bezogenen mittleren Formänderungswiderstandes k_{wm}/k_{fm} vom Flächenverhältnis F_d/F_m beim Flachwalzen von C 45 bei unterschiedlichen Walztemperaturen nach Versuchen von [54]

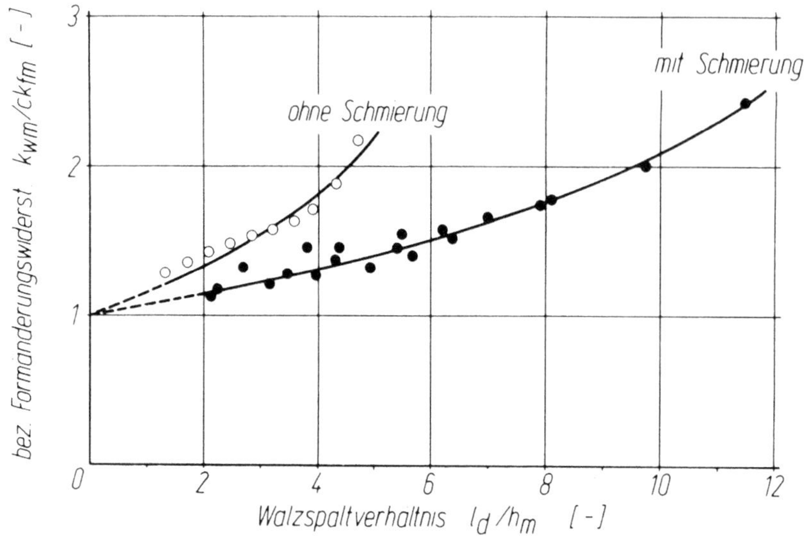

Abb. 11: Abhängigkeit des bezogenen mittleren Formänderungswiderstandes $k_{wm}/1,15\ k_{fm}$ vom Walzspaltverhältnis l_d/h_m und den Schmierbedingungen beim Kaltwalzen eines Bandes aus weichem C-Stahl nach Versuchen von [38]

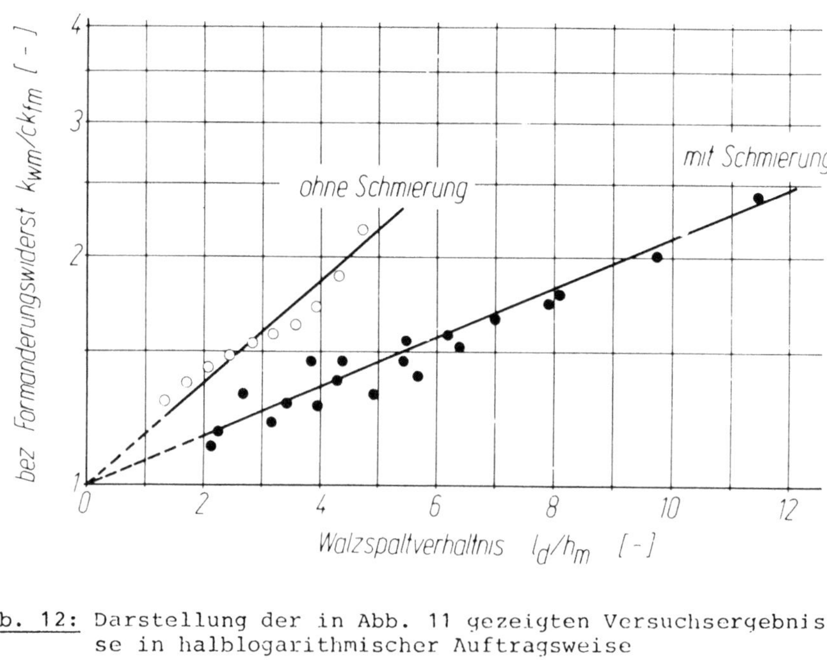

Abb. 12: Darstellung der in Abb. 11 gezeigten Versuchsergebnisse in halblogarithmischer Auftragsweise

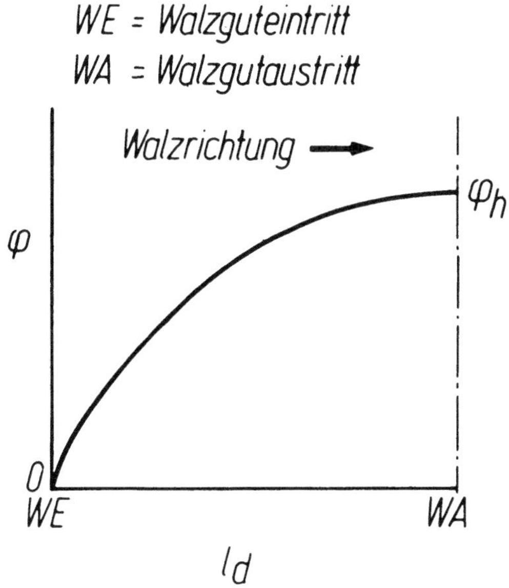

Abb. 13: Prinzipieller Verlauf der logarithmischen Höhenformänderung φ_h über der gedrückten Länge l_d im Walzspalt

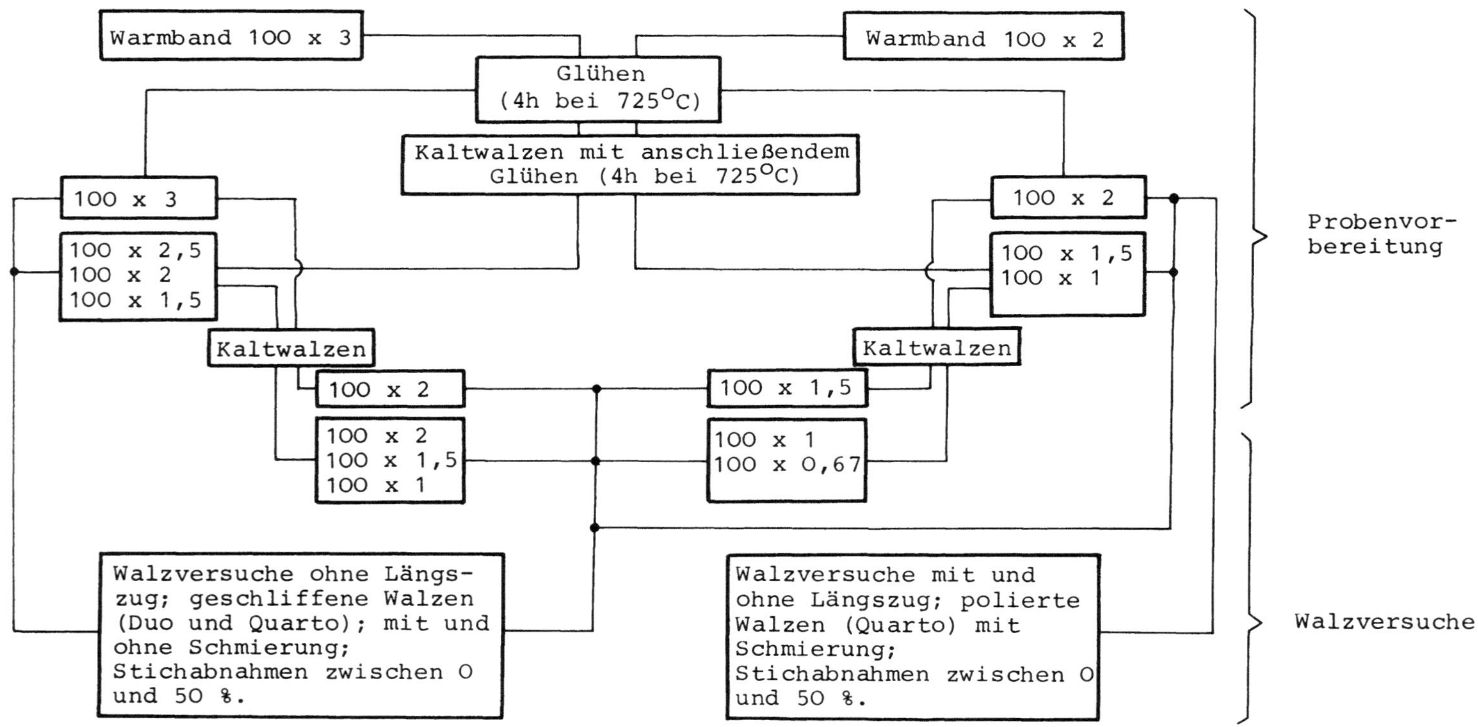

Abb. 14: Versuchsplan

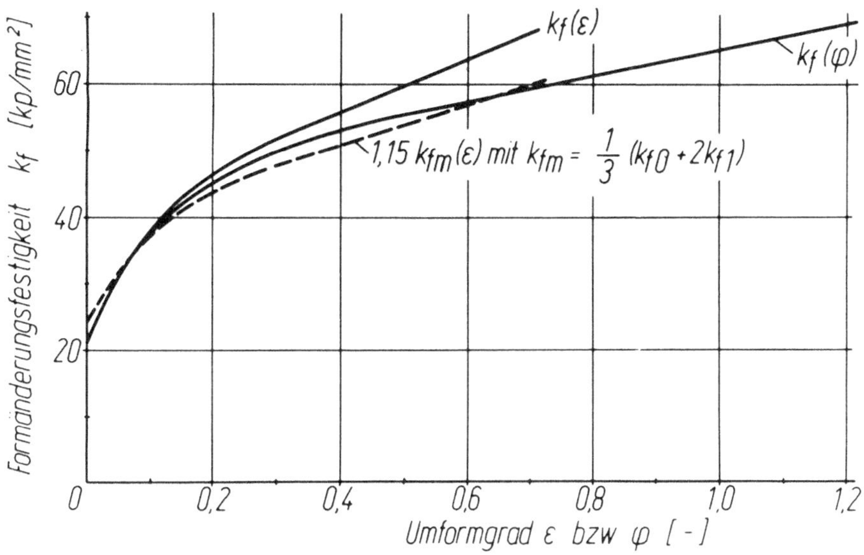

Abb. 15: Fließkurve des Versuchsmaterials USt 37, rekristallisierend geglüht (4h bei 725°C), aufgenommen an Schichtstauchproben 20 Ø x 30

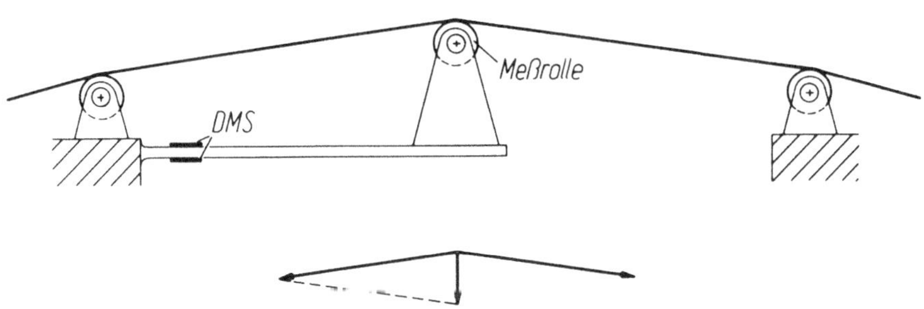

Abb. 16: Prinzipskizze der Bandzugmeßgeräte

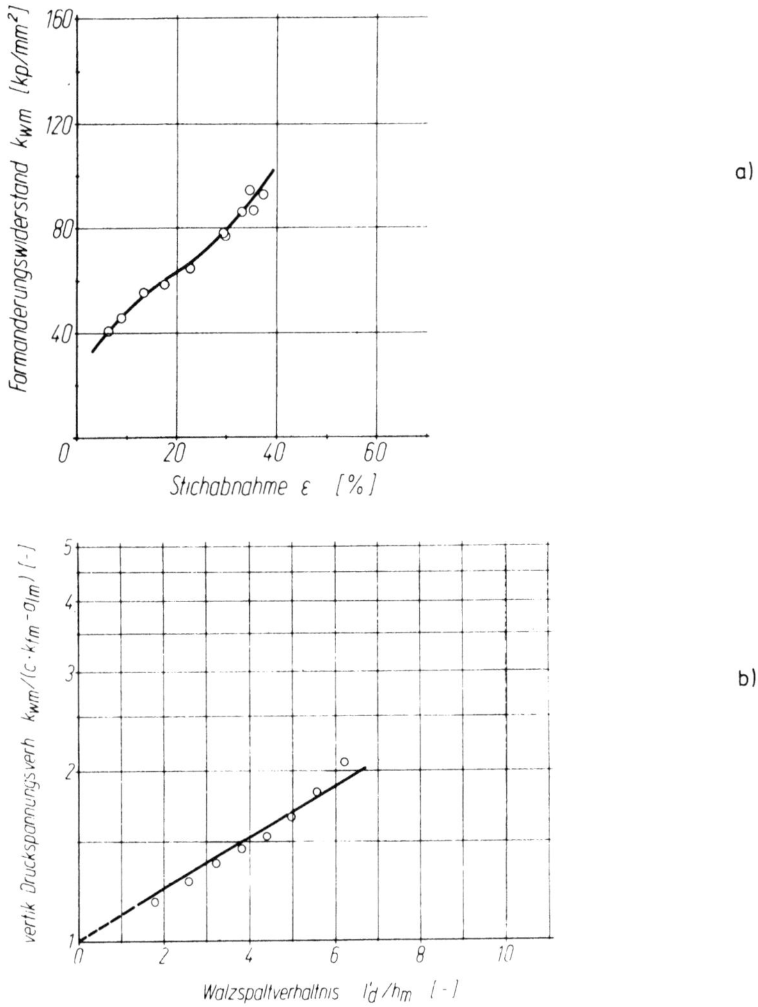

Abb. 17: Versuchsergebnisse beim Kaltwalzen ohne Längszug von USt 37
a) Formänderungswiderstand in Abhängigkeit von der Stichabnahme
b) vertikales Druckspannungsverhältnis in Abhängigkeit vom Walzspaltverhältnis

Versuchsbedingungen:

Bandabmessungen	100 x 3 mm
ursprüngliche Warmbanddicke	3 mm
Größe der Vorverformung ε_V	-
Walzendurchmesser	290 mm (Duo)
Walzenoberfläche	geschliffen
Schmierung	ohne

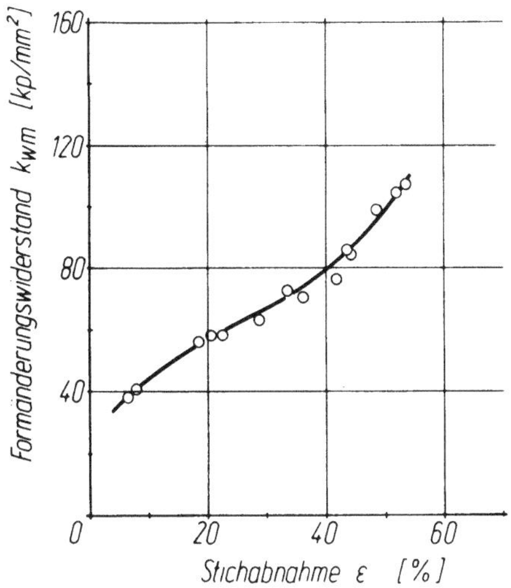

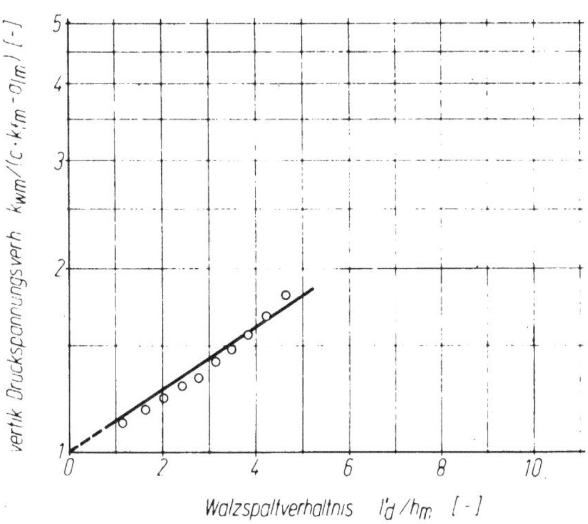

Abb. 18: Versuchsergebnisse beim Kaltwalzen ohne Längszug von USt 37
a) Formänderungswiderstand in Abhängigkeit von der Stichabnahme
b) vertikales Druckspannungsverhältnis in Abhängigkeit vom Walzspaltverhältnis

Versuchsbedingungen:

Bandabmessungen	100 x 3 mm
ursprüngliche Warmbanddicke	3 mm
Größe der Vorverformung ε_v	-
Walzendurchmesser	126,5 mm (Quarto)
Walzenoberfläche	geschliffen
Schmierung	ohne

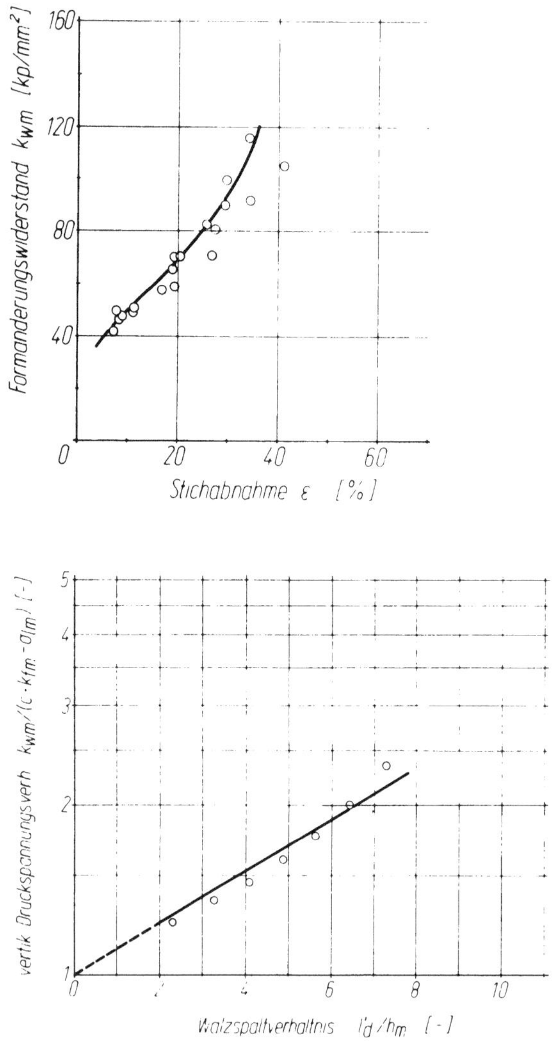

a)

b)

Abb. 19: Versuchsergebnisse beim Kaltwalzen ohne Längszug von USt 37
a) Formänderungswiderstand in Abhängigkeit von der Stichabnahme
b) vertikales Druckspannungsverhältnis in Abhängigkeit vom Walzspaltverhältnis

Versuchsbedingungen:

Bandabmessungen	100 x 2 mm
ursprüngliche Warmbanddicke	2 mm
Größe der Vorverformung ε_v	-
Walzendurchmesser	290 mm (Duo)
Walzenoberfläche	geschliffen
Schmierung	ohne

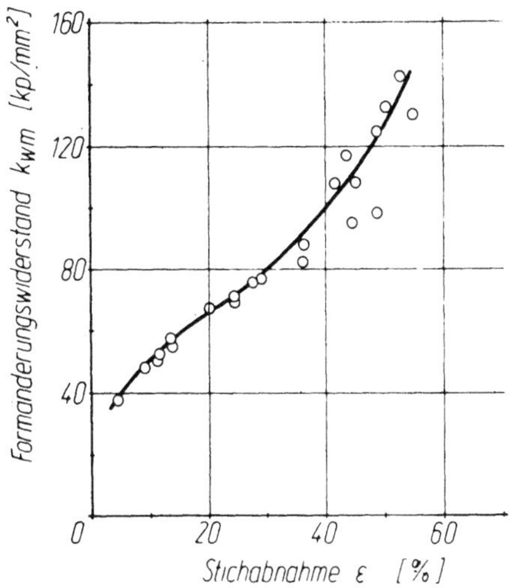

a)

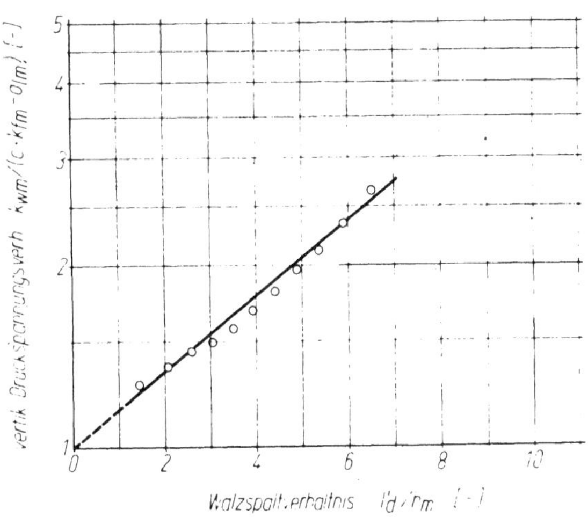

b)

Abb. 20: Versuchsergebnisse beim Kaltwalzen ohne Längszug von USt 37
a) Formänderungswiderstand in Abhängigkeit von der Stichabnahme
b) vertikales Druckspannungsverhältnis in Abhängigkeit vom Walzspaltverhältnis

Versuchsbedingungen:

Bandabmessungen	100 x 2 mm
ursprüngliche Warmbanddicke	2 mm
Größe der Vorverformung ε_V	-
Walzendurchmesser	126,5 mm (Quarto)
Walzenoberfläche	geschliffen
Schmierung	ohne

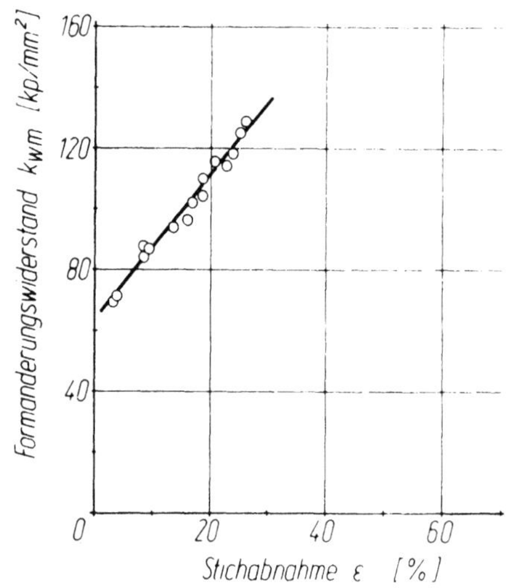

a)

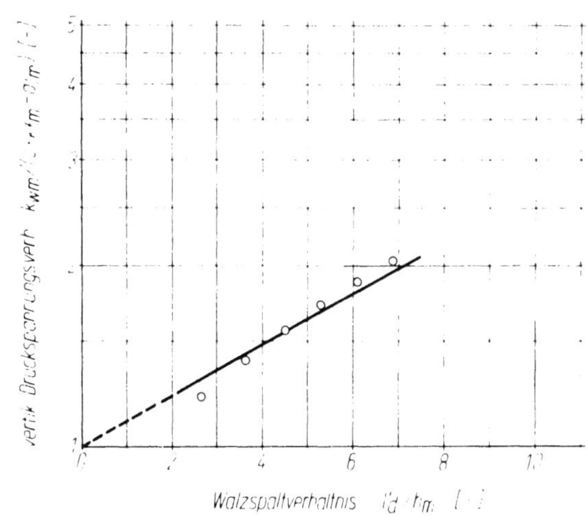

b)

Abb. 21: Versuchsergebnisse beim Kaltwalzen ohne Längszug von USt 37
a) Formänderungswiderstand in Abhängigkeit von der Stichabnahme
b) vertikales Druckspannungsverhältnis in Abhängigkeit vom Walzspaltverhältnis

Versuchsbedingungen:

Bandabmessungen	100 x 2 mm
ursprüngliche Warmbanddicke	3 mm
Größe der Vorverformung ε_V	33 %
Walzendurchmesser	290 mm (Duo)
Walzenoberfläche	geschliffen
Schmierung	ohne

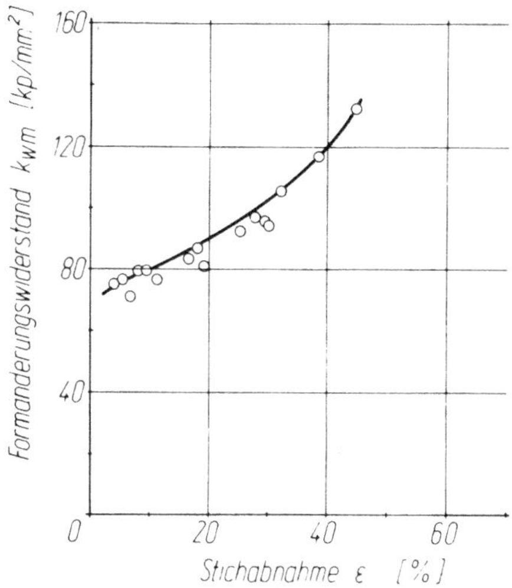

a)

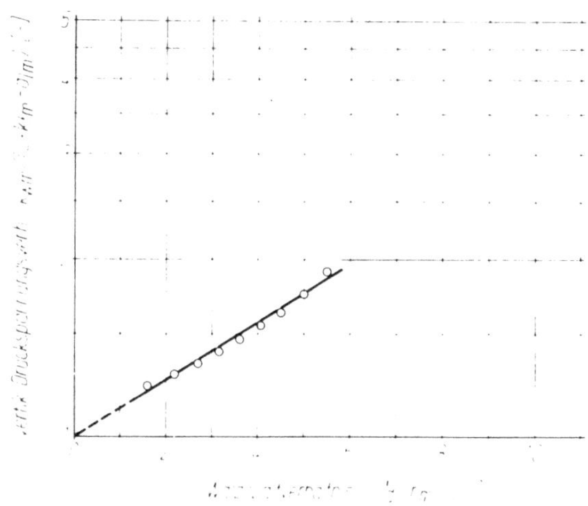

b)

<u>Abb. 22:</u> Versuchsergebnisse beim Kaltwalzen ohne Längszug von USt 37
a) Formänderungswiderstand in Abhängigkeit von der Stichabnahme
b) vertikales Druckspannungsverhältnis in Abhängigkeit vom Walzspaltverhältnis

Versuchsbedingungen:

Bandabmessungen	100 x 2 mm
ursprüngliche Warmbanddicke	3 mm
Größe der Vorverformung ε_V	33 %
Walzendurchmesser	126,5 mm (Quarto)
Walzenoberfläche	geschliffen
Schmierung	ohne

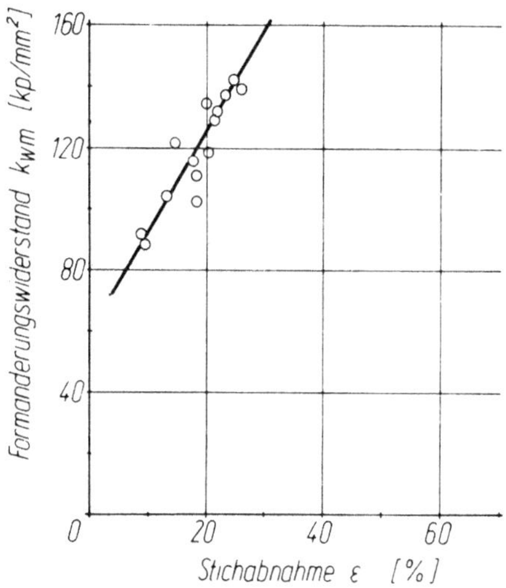

a)

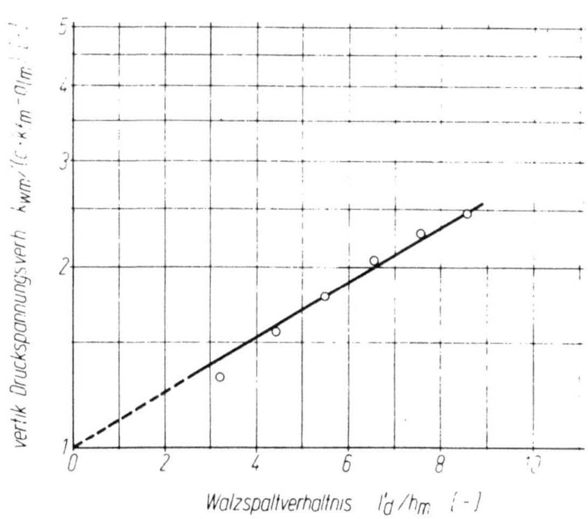

b)

Abb. 23: Versuchsergebnisse beim Kaltwalzen ohne Längszug von USt 37
a) Formänderungswiderstand in Abhängigkeit von der Stichabnahme
b) vertikales Druckspannungsverhältnis in Abhängigkeit vom Walzspaltverhältnis

Versuchsbedingungen:

Bandabmessungen	100 x 1,5 mm
ursprüngliche Warmbanddicke	2 mm
Größe der Vorverformung ε_V	25 %
Walzendurchmesser	290 mm (Duo)
Walzenoberfläche	geschliffen
Schmierung	ohne

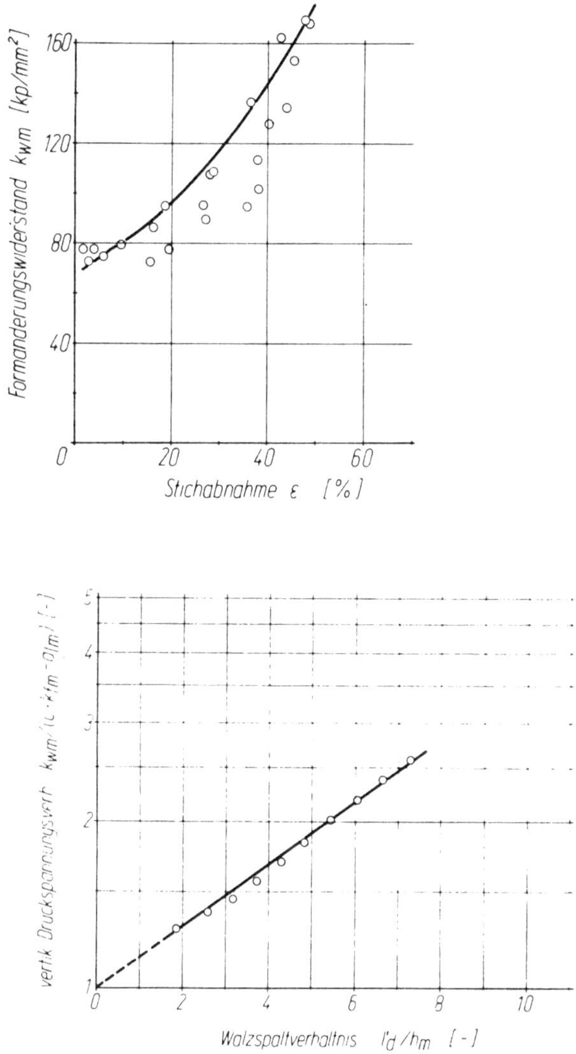

Abb. 24: Versuchsergebnisse beim Kaltwalzen ohne Längszug von USt 37
a) Formänderungswiderstand in Abhängigkeit von der Stichabnahme
b) vertikales Druckspannungsverhältnis in Abhängigkeit vom Walzspaltverhältnis

Versuchsbedingungen:

Bandabmessungen	100 x 1,5 mm
ursprüngliche Warmbanddicke	2 mm
Größe der Vorverformung ε_v	25 %
Walzendurchmesser	126,5 mm (Quarto)
Walzenoberfläche	geschliffen
Schmierung	ohne

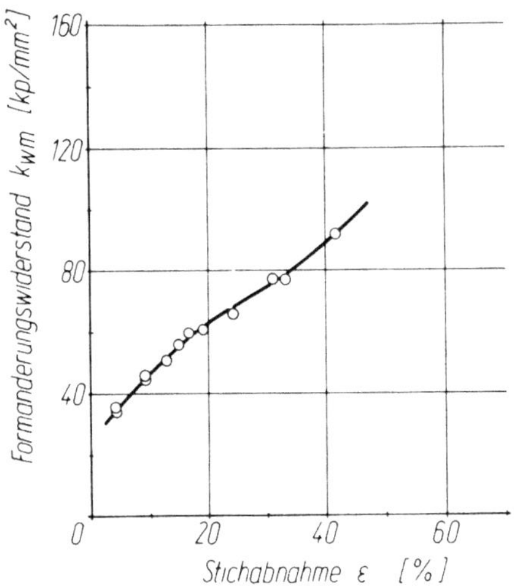

a)

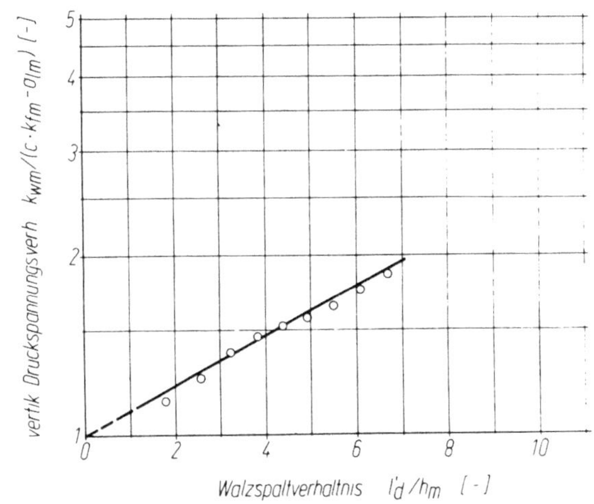

b)

Abb. 25: Versuchsergebnisse beim Kaltwalzen ohne Längszug von USt 37
a) Formänderungswiderstand in Abhängigkeit von der Stichabnahme
b) vertikales Druckspannungsverhältnis in Abhängigkeit vom Walzspaltverhältnis

Versuchsbedingungen:

Bandabmessungen	100 x 3 mm
ursprüngliche Warmbanddicke	3 mm
Größe der Vorverformung ε_V	-
Walzendurchmesser	290 mm (Duo)
Walzenoberfläche	geschliffen
Schmierung	mit Öl

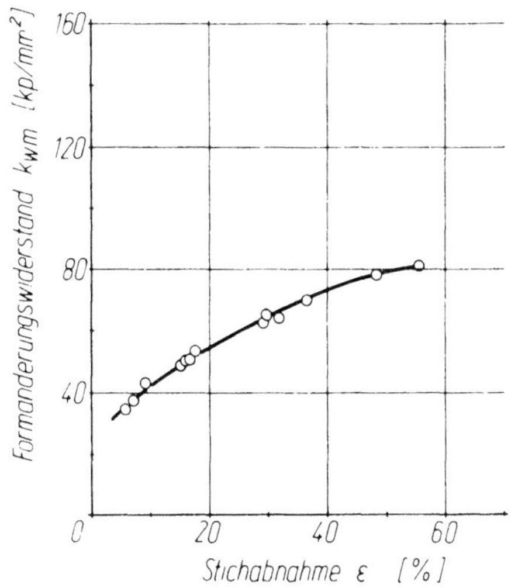

a)

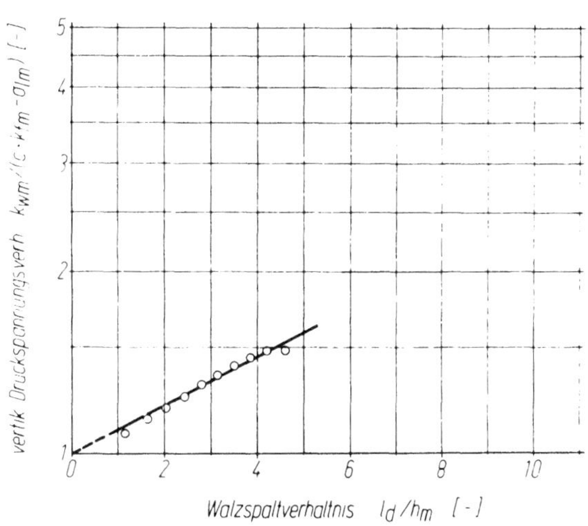

b)

Abb. 26: Versuchsergebnisse beim Kaltwalzen ohne Längszug von USt 37
a) Formänderungswiderstand in Abhängigkeit von der Stichabnahme
b) vertikales Druckspannungsverhältnis in Abhängigkeit vom Walzspaltverhältnis

Versuchsbedingungen:	
Bandabmessungen	100 x 3 mm
ursprüngliche Warmbanddicke	3 mm
Größe der Vorverformung ε_V	-
Walzendurchmesser	126,5 mm (Quarto)
Walzenoberfläche	geschliffen
Schmierung	mit Öl

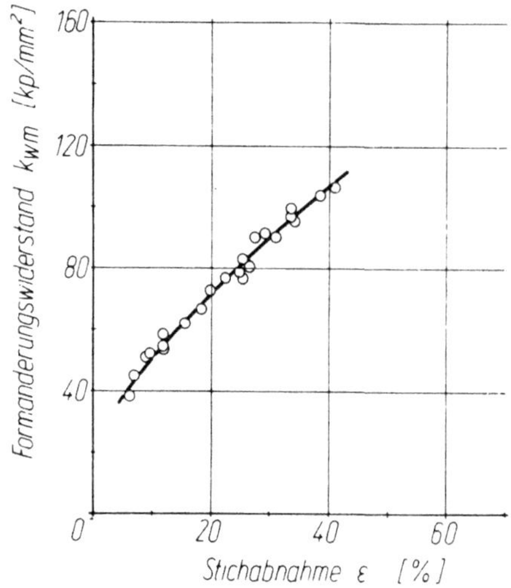

a)

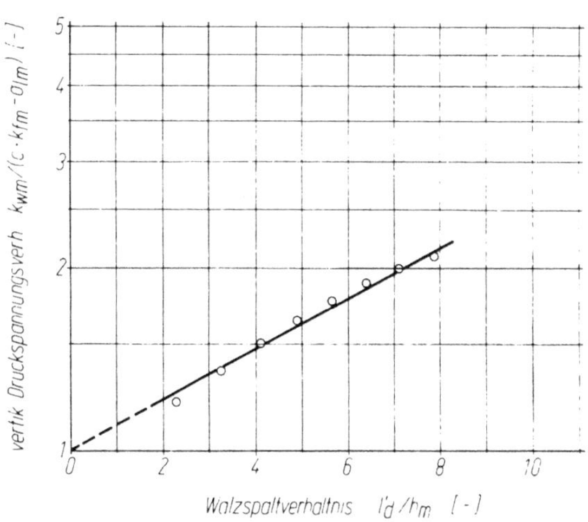

b)

Abb. 27: Versuchsergebnisse beim Kaltwalzen ohne Längszug von USt 37
a) Formänderungswiderstand in Abhängigkeit von der Stichabnahme
b) vertikales Druckspannungsverhältnis in Abhängigkeit vom Walzspaltverhältnis

Versuchsbedingungen:

Bandabmessungen	100 x 2 mm
ursprüngliche Warmbanddicke	2 mm
Größe der Vorverformung ε_V	-
Walzendurchmesser	290 mm (Duo)
Walzenoberfläche	geschliffen
Schmierung	mit Öl

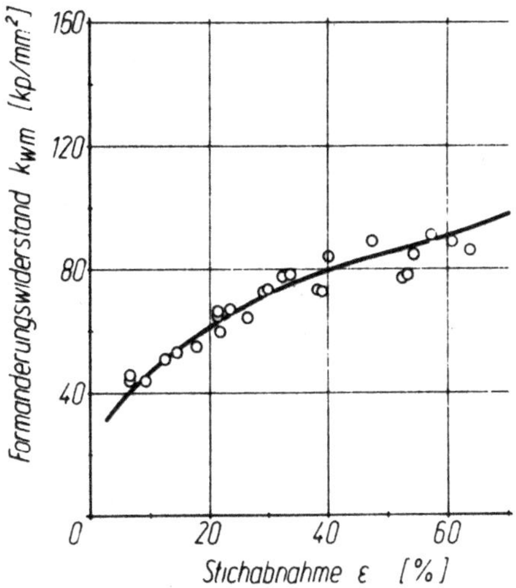

a)

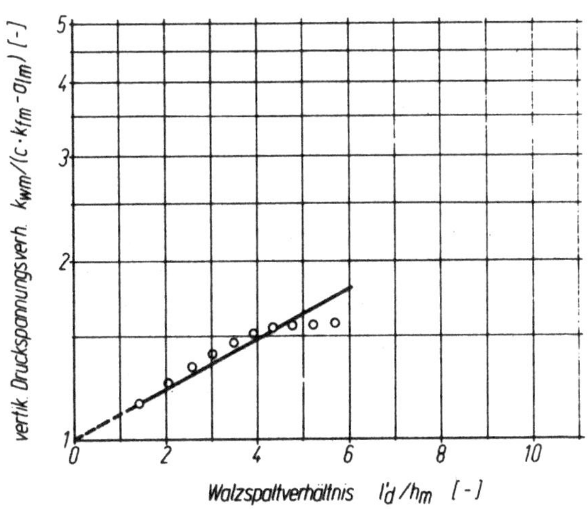

b)

Abb. 28: Versuchsergebnisse beim Kaltwalzen ohne Längszug von USt 37
a) Formänderungswiderstand in Abhängigkeit von der Stichabnahme
b) vertikales Druckspannungsverhältnis in Abhängigkeit vom Walzspaltverhältnis

Versuchsbedingungen:

Bandabmessungen	100 x 2 mm
ursprüngliche Warmbanddicke	2 mm
Größe der Vorverformung ε_V	-
Walzendurchmesser	126,5 mm (Quarto)
Walzenoberfläche	geschliffen
Schmierung	mit Öl

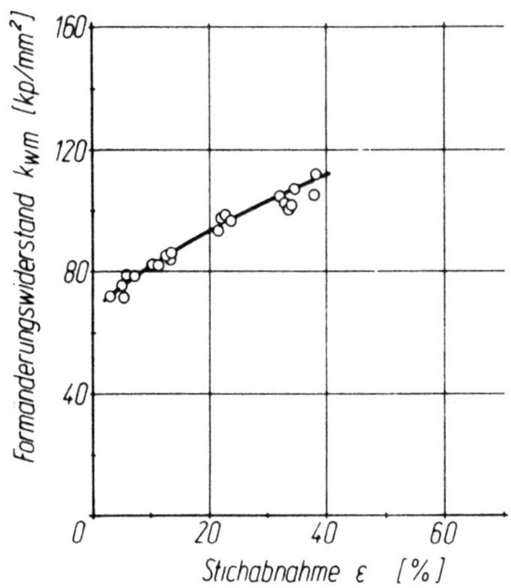

a)

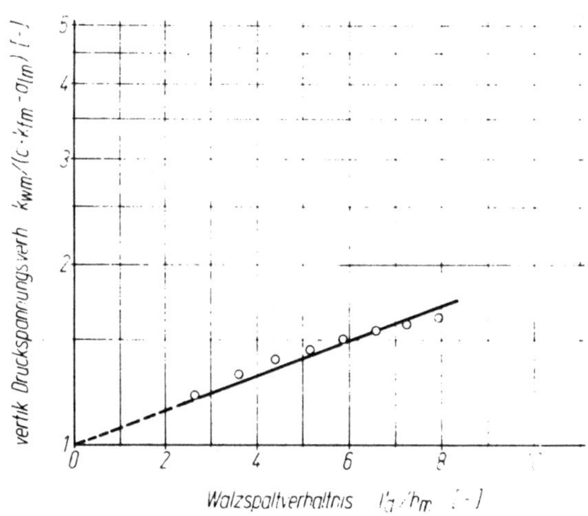

b)

Abb. 29: Versuchsergebnisse beim Kaltwalzen ohne Längszug von USt 37
a) Formänderungswiderstand in Abhängigkeit von der Stichabnahme
b) vertikales Druckspannungsverhältnis in Abhängigkeit vom Walzspaltverhältnis

Versuchsbedingungen:

Bandabmessungen	100 x 2 mm
ursprüngliche Warmbanddicke	3 mm
Größe der Vorverformung ε_v	33 %
Walzendurchmesser	290 mm (Duo)
Walzenoberfläche	geschliffen
Schmierung	mit Öl

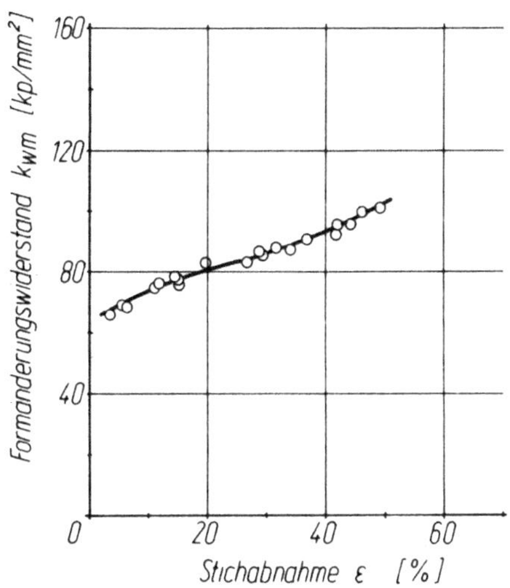

a)

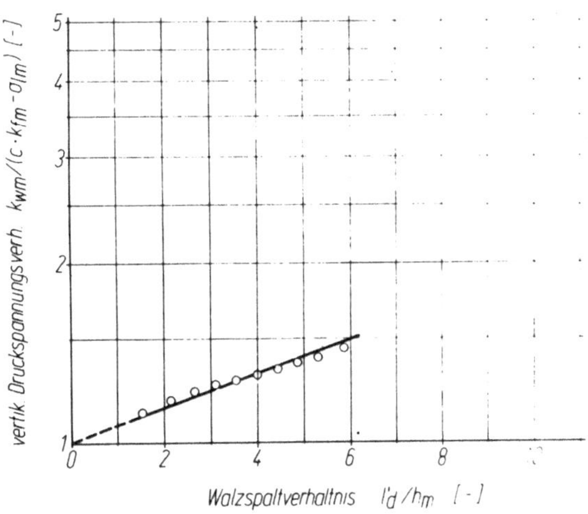

b)

Abb. 30: Versuchsergebnisse beim Kaltwalzen ohne Längszug von USt 37
a) Formänderungswiderstand in Abhängigkeit von der Stichabnahme
b) vertikales Druckspannungsverhältnis in Abhängigkeit vom Walzspaltverhältnis

Versuchsbedingungen:	
Bandabmessungen	100 x 2 mm
ursprüngliche Warmbanddicke	3 mm
Größe der Vorverformung ε_y	33 %
Walzendurchmesser	126,5 mm (Quarto)
Walzenoberfläche	geschliffen
Schmierung	mit Öl

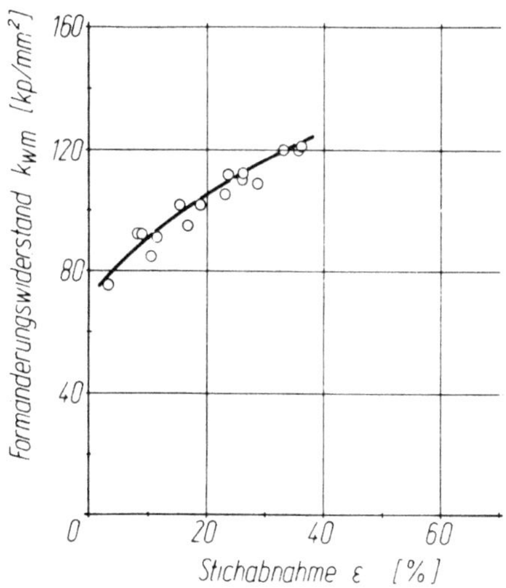

a)

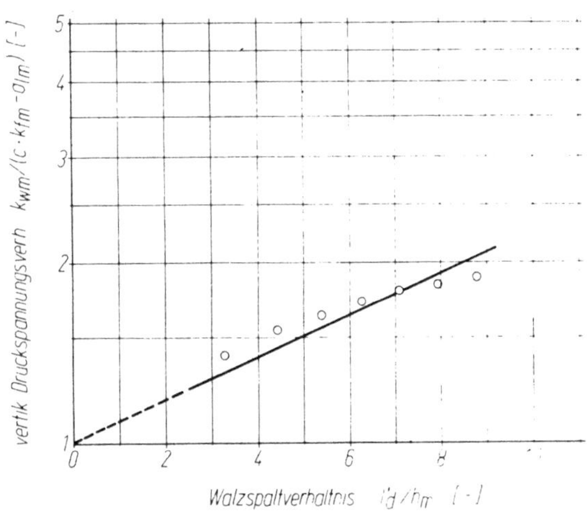

b)

Abb. 31: Versuchsergebnisse beim Kaltwalzen ohne Längszug von USt 37
a) Formänderungswiderstand in Abhängigkeit von der Stichabnahme
b) vertikales Druckspannungsverhältnis in Abhängigkeit vom Walzspaltverhältnis

Versuchsbedingungen:

Bandabmessungen	100 x 1,5 mm
ursprüngliche Warmbanddicke	2 mm
Größe der Vorverformung ε_v	25 %
Walzendurchmesser	290 mm (Duo)
Walzenoberfläche	geschliffen
Schmierung	mit Öl

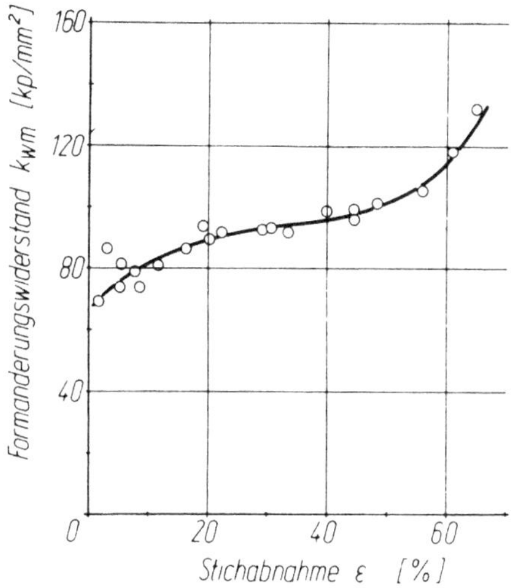

a)

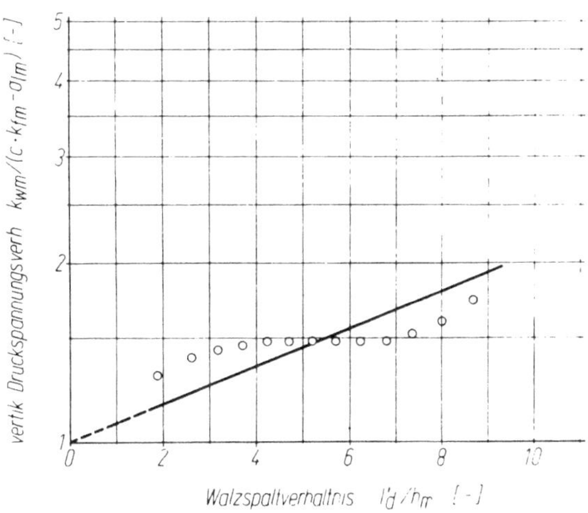

b)

Abb. 32: Versuchsergebnisse beim Kaltwalzen ohne Längszug von USt 37

a) Formänderungswiderstand in Abhängigkeit von der Stichabnahme

b) vertikales Druckspannungsverhältnis in Abhängigkeit vom Walzspaltverhältnis

Versuchsbedingungen:

Bandabmessungen	100 x 1,5 mm
ursprüngliche Warmbanddicke	2 mm
Größe der Vorverformung ε_v	25 %
Walzendurchmesser	126,5 mm (Quarto)
Walzenoberfläche	geschliffen
Schmierung	mit Öl

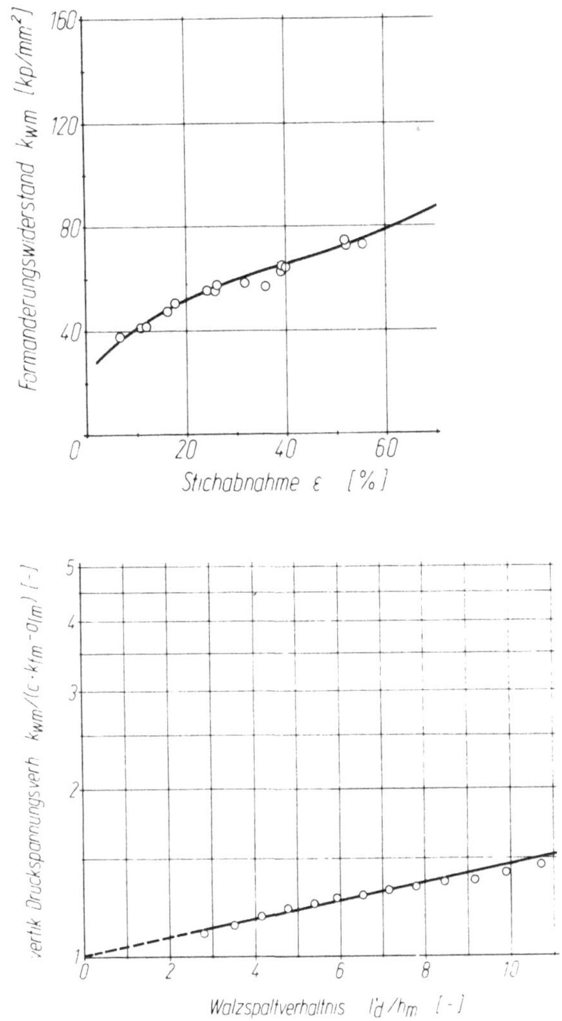

a)

b)

Abb. 33: Versuchsergebnisse beim Kaltwalzen ohne Längszug von USt 37
a) Formänderungswiderstand in Abhängigkeit von der Stichabnahme
b) vertikales Druckspannungsverhältnis in Abhängigkeit vom Walzspaltverhältnis

Versuchsbedingungen:

Bandabmessungen	100 x 2,5 mm
ursprüngliche Warmbanddicke	3 mm
Größe der Vorverformung ε_v	-
Walzendurchmesser	290 mm (Duo)
Walzenoberfläche	geschliffen
Schmierung	mit Öl

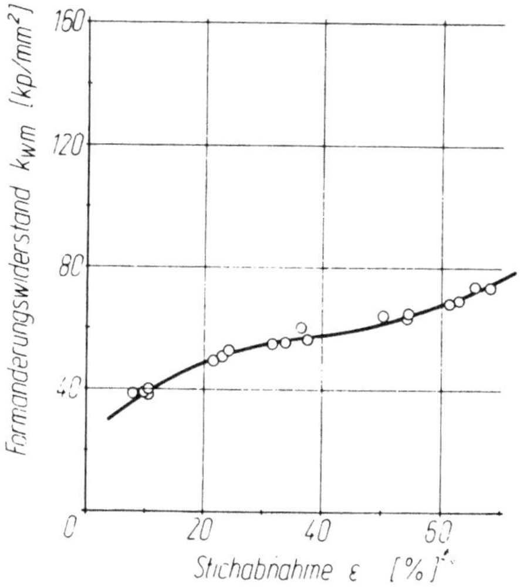

a)

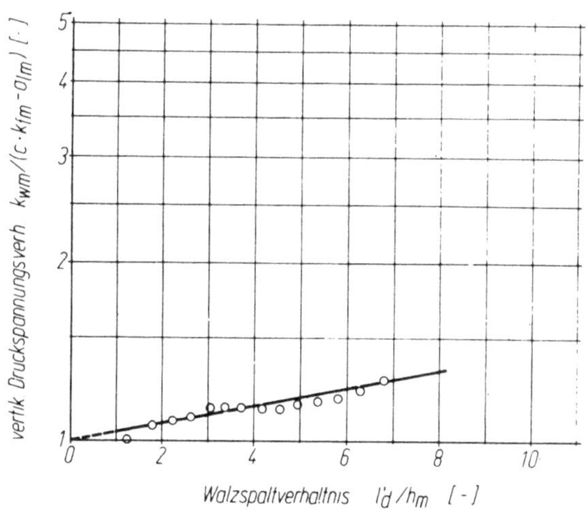

b)

Abb. 34: Versuchsergebnisse beim Kaltwalzen ohne Längszug von USt 37
a) Formänderungswiderstand in Abhängigkeit von der Stichabnahme
b) vertikales Druckspannungsverhältnis in Abhängigkeit vom Walzspaltverhältnis

Versuchsbedingungen:

Bandabmessungen	100 x 2,5 mm
ursprüngliche Warmbanddicke	3 mm
Größe der Vorverformung ε_v	-
Walzendurchmesser	126,5 mm (Quarto)
Walzenoberfläche	geschliffen
Schmierung	mit Öl

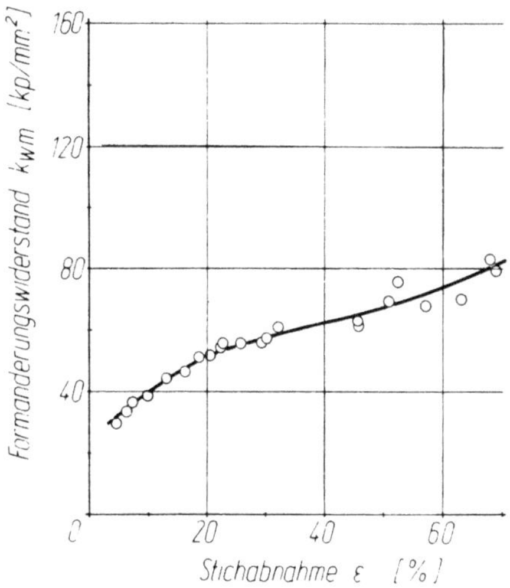

a)

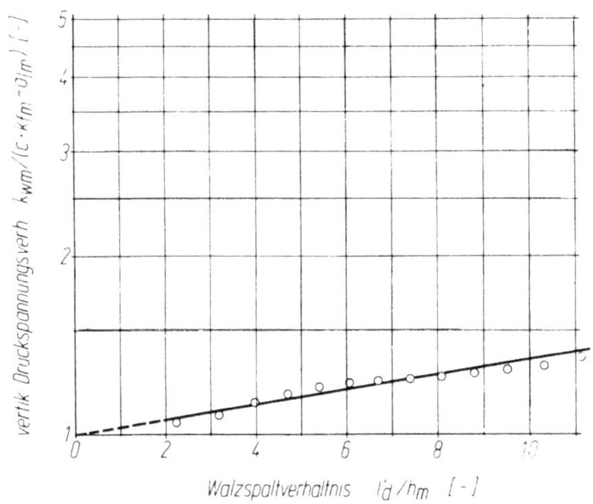

b)

Abb. 35: Versuchsergebnisse beim Kaltwalzen ohne Längszug von USt 37
a) Formänderungswiderstand in Abhängigkeit von der Stichabnahme
b) vertikales Druckspannungsverhältnis in Abhängigkeit vom Walzspaltverhältnis

Versuchsbedingungen:	
Bandabmessungen	100 x 2 mm
ursprüngliche Warmbanddicke	3 mm
Größe der Vorverformung ε_V	-
Walzendurchmesser	290 mm (Duo)
Walzenoberfläche	geschliffen
Schmierung	mit Öl

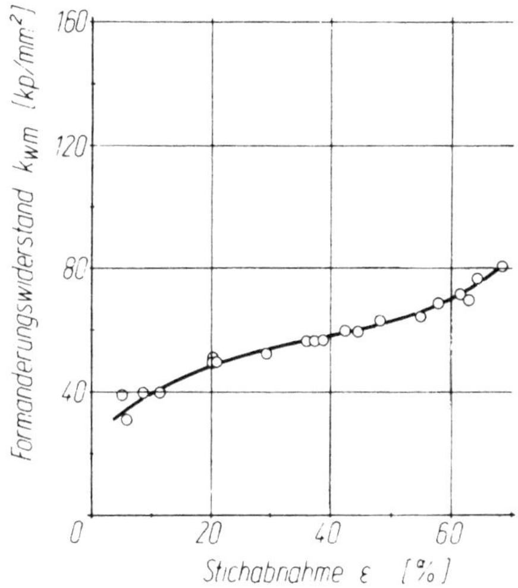

a)

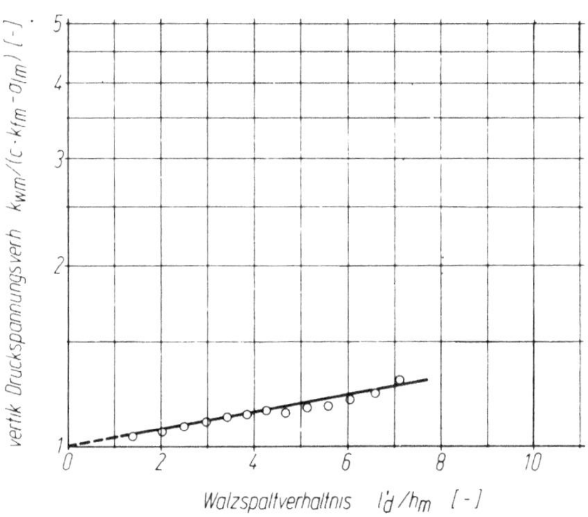

b)

Abb. 36: Versuchsergebnisse beim Kaltwalzen ohne Längszug von USt 37
a) Formänderungswiderstand in Abhängigkeit von der Stichabnahme
b) vertikales Druckspannungsverhältnis in Abhängigkeit vom Walzspaltverhältnis

Versuchsbedingungen:

Bandabmessungen	100 x 2 mm
ursprüngliche Warmbanddicke	3 mm
Größe der Vorverformung ε_v	-
Walzendurchmesser	126,5 mm (Quarto)
Walzenoberfläche	geschliffen
Schmierung	mit Öl

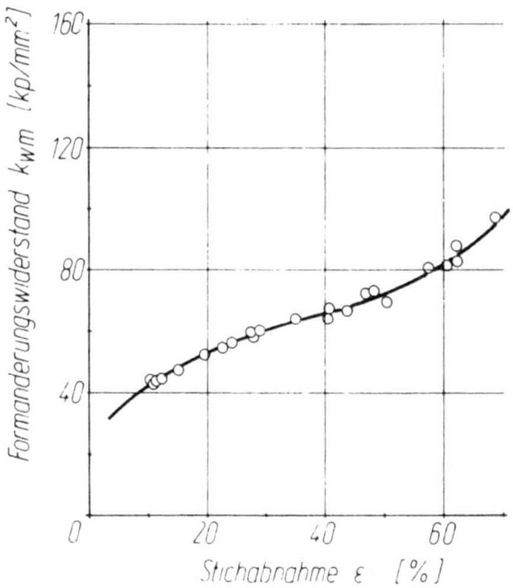

a)

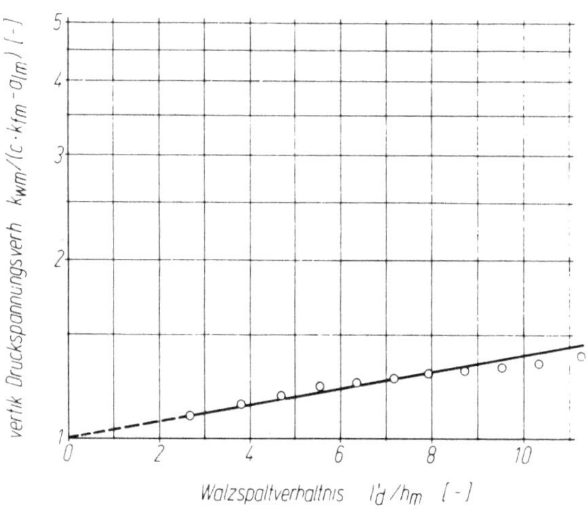

b)

Abb. 37: Versuchsergebnisse beim Kaltwalzen ohne Längszug von USt 37
a) Formänderungswiderstand in Abhängigkeit von der Stichabnahme
b) vertikales Druckspannungsverhältnis in Abhängigkeit vom Walzspaltverhältnis

Versuchsbedingungen:

Bandabmessungen	100 x 1,5 mm
ursprüngliche Warmbanddicke	3 mm
Größe der Vorverformung ε_V	-
Walzendurchmesser	290 mm (Duo)
Walzenoberfläche	geschliffen
Schmierung	mit Öl

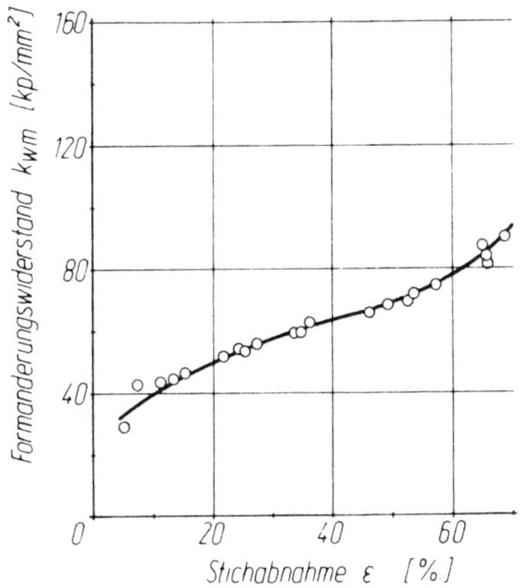

a)

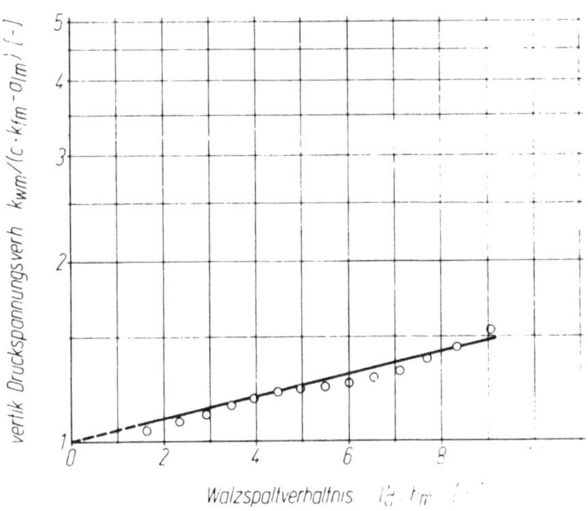

b)

Abb. 38: Versuchsergebnisse beim Kaltwalzen ohne Längszug von USt 37
a) Formänderungswiderstand in Abhängigkeit von der Stichabnahme
b) vertikales Druckspannungsverhältnis in Abhängigkeit vom Walzspaltverhältnis

Versuchsbedingungen:

Bandabmessungen	100 x 1,5 mm
ursprüngliche Warmbanddicke	3 mm
Größe der Vorverformung ε_V	-
Walzendurchmesser	126,5 mm (Quarto)
Walzenoberfläche	geschliffen
Schmierung	mit Öl

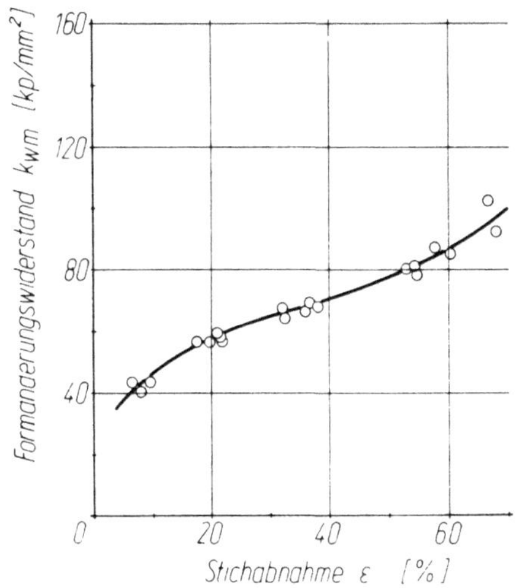

a)

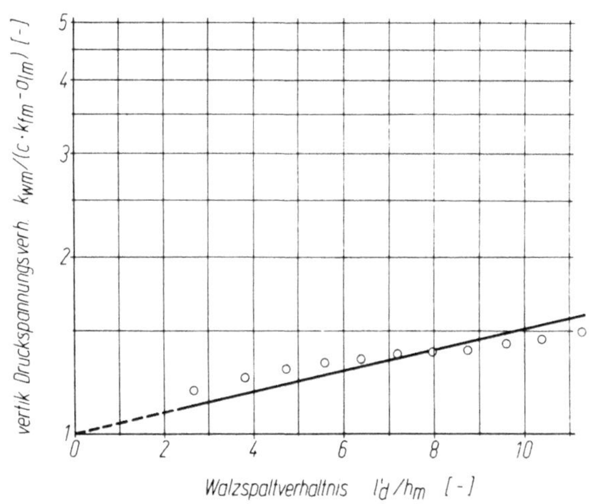

b)

<u>Abb. 39:</u> Versuchsergebnisse beim Kaltwalzen ohne Längszug von USt 37
a) Formänderungswiderstand in Abhängigkeit von der Stichabnahme
b) vertikales Druckspannungsverhältnis in Abhängigkeit vom Walzspaltverhältnis

Versuchsbedingungen:

Bandabmessungen	100 x 1,5 mm
ursprüngliche Warmbanddicke	2 mm
Größe der Vorverformung ε_V	-
Walzendurchmesser	290 mm (Duo)
Walzenoberfläche	geschliffen
Schmierung	mit Öl

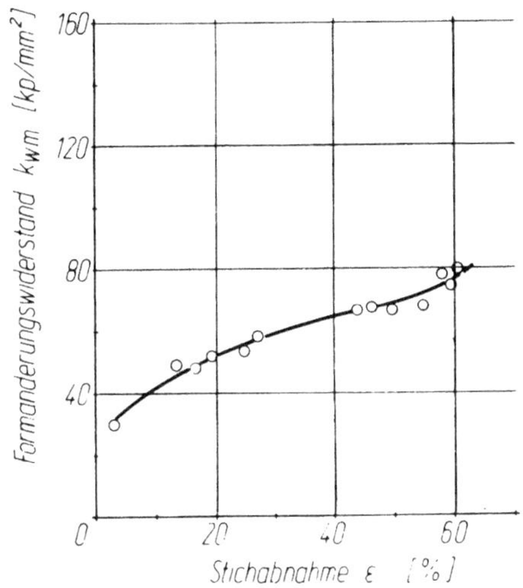

a)

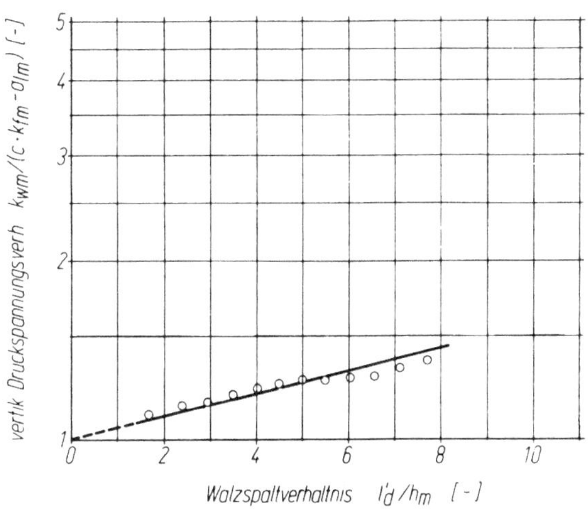

b)

<u>Abb. 40:</u> Versuchsergebnisse beim Kaltwalzen ohne Längszug von USt 37
a) Formänderungswiderstand in Abhängigkeit von der Stichabnahme
b) vertikales Druckspannungsverhältnis in Abhängigkeit vom Walzspaltverhältnis

Versuchsbedingungen:

Bandabmessungen	100 x 1,5 mm
ursprüngliche Warmbanddicke	2 mm
Größe der Vorverformung ε_v	-
Walzendurchmesser	126,5 mm (Quarto)
Walzenoberfläche	geschliffen
Schmierung	mit Öl

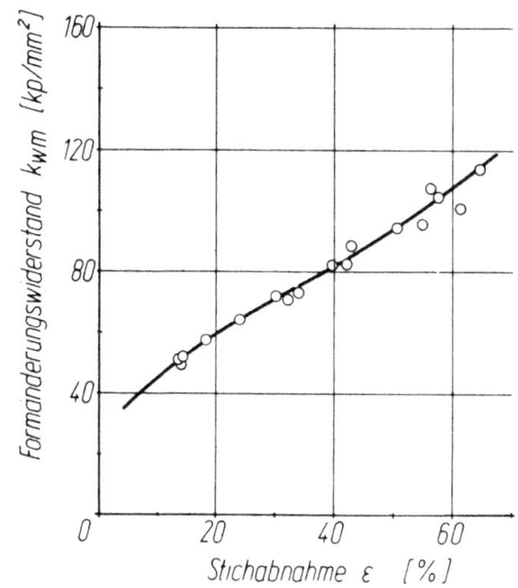

a)

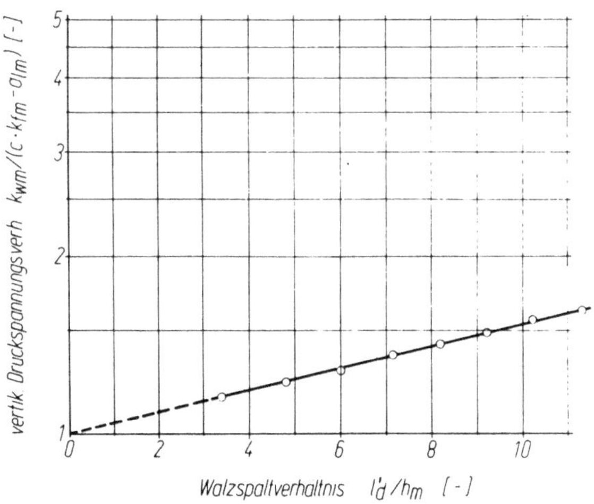

b)

Abb. 41: Versuchsergebnisse beim Kaltwalzen ohne Längszug von USt 37
a) Formänderungswiderstand in Abhängigkeit von der Stichabnahme
b) vertikales Druckspannungsverhältnis in Abhängigkeit vom Walzspaltverhältnis

Versuchsbedingungen:

Bandabmessungen	100 x 1 mm
ursprüngliche Warmbanddicke	2 mm
Größe der Vorverformung ε_v	-
Walzendurchmesser	290 mm (Duo)
Walzenoberfläche	geschliffen
Schmierung	mit Öl

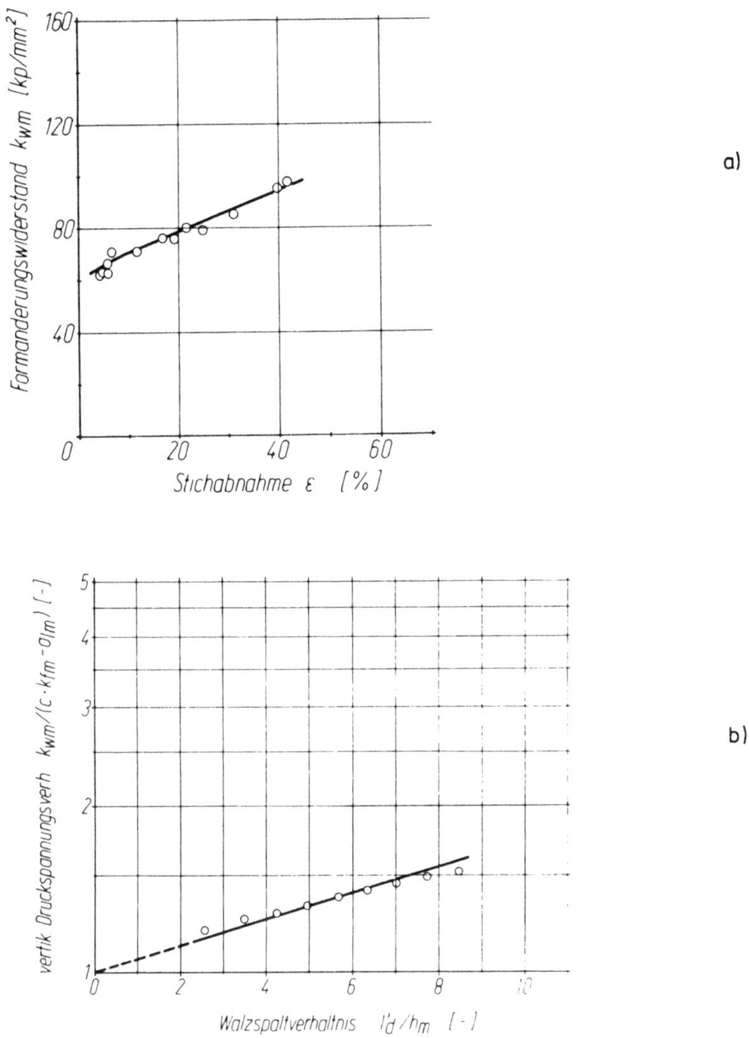

Abb. 42: Versuchsergebnisse beim Kaltwalzen ohne Längszug von USt 37
a) Formänderungswiderstand in Abhängigkeit von der Stichabnahme
b) vertikales Druckspannungsverhältnis in Abhängigkeit vom Walzspaltverhältnis

Versuchsbedingungen:

Bandabmessungen	100 x 2 mm
ursprüngliche Warmbanddicke	3 mm
Größe der Vorverformung ε_v	20 %
Walzendurchmesser	290 mm (Duo)
Walzenoberfläche	geschliffen
Schmierung .	mit Öl

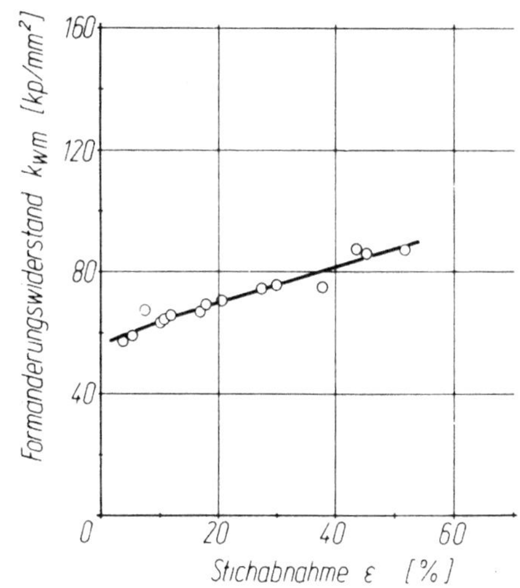

a)

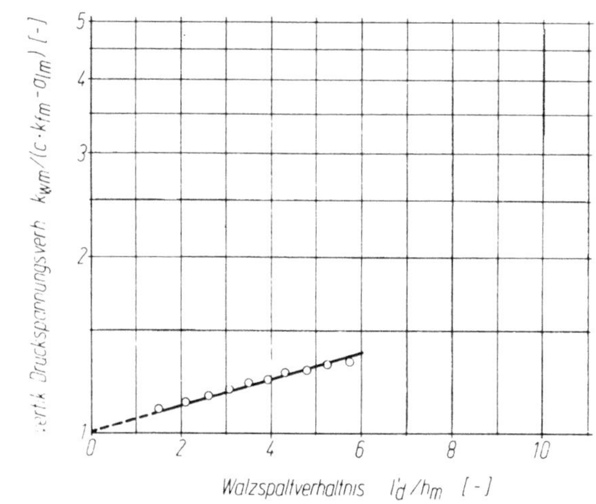

b)

<u>Abb. 43:</u> Versuchsergebnisse beim Kaltwalzen ohne Längszug von USt 37
a) Formänderungswiderstand in Abhängigkeit von der Stichabnahme
b) vertikales Druckspannungsverhältnis in Abhängigkeit vom Walzspaltverhältnis

Versuchsbedingungen:

Bandabmessungen	100 x 2 mm
ursprüngliche Warmbanddicke	3 mm
Größe der Vorverformung ε_v	20 %
Walzendurchmesser	126,5 mm (Quarto)
Walzenoberfläche	geschliffen
Schmierung	mit Öl

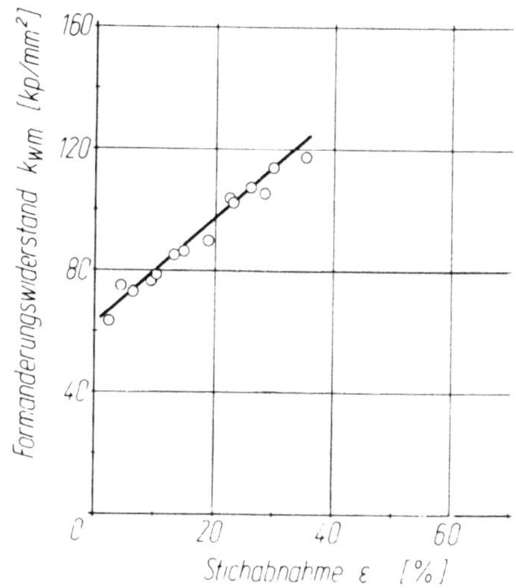

a)

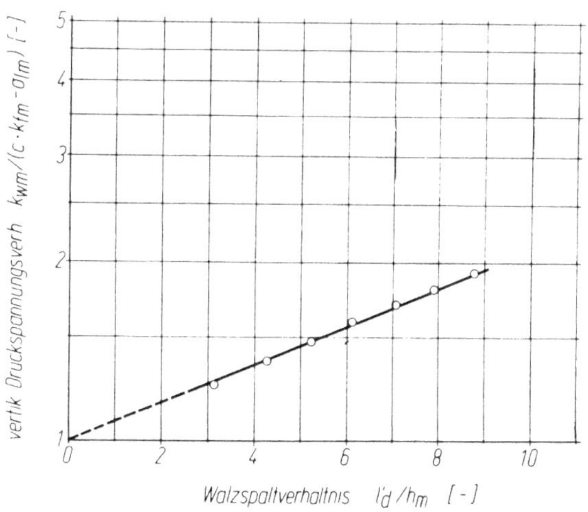

b)

Abb. 44: Versuchsergebnisse beim Kaltwalzen ohne Längszug von USt 37
a) Formänderungswiderstand in Abhängigkeit von der Stichabnahme
b) vertikales Druckspannungsverhältnis in Abhängigkeit vom Walzspaltverhältnis

Versuchsbedingungen:	
Bandabmessungen	100 x 1,5 mm
ursprüngliche Warmbanddicke	3 mm
Größe der Vorverformung ε_v	25 %
Walzendurchmesser	290 mm (Duo)
Walzenoberfläche	geschliffen
Schmierung	mit Öl

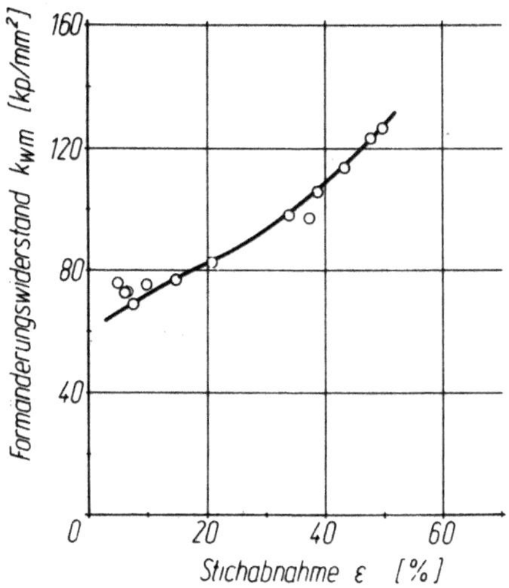

a)

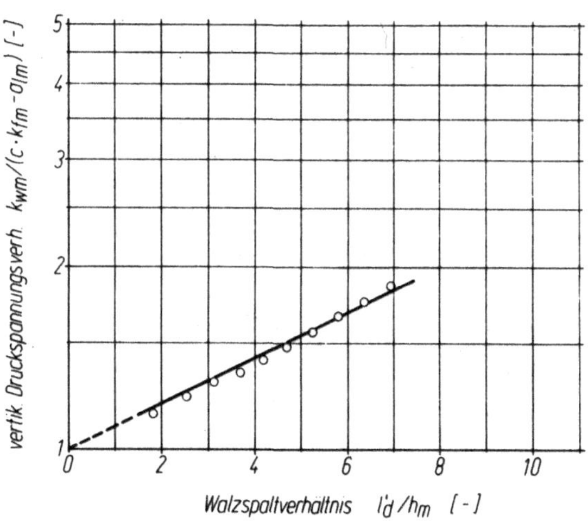

b)

Abb. 45: Versuchsergebnisse beim Kaltwalzen ohne Längszug von USt 37
a) Formänderungswiderstand in Abhängigkeit von der Stichabnahme
b) vertikales Druckspannungsverhältnis in Abhängigkeit vom Walzspaltverhältnis

Versuchsbedingungen:

Bandabmessungen	100 x 1,5 mm
ursprüngliche Warmbanddicke	3 mm
Größe der Vorverformung ε_v	25 %
Walzendurchmesser	126,5 mm (Quarto)
Walzenoberfläche	geschliffen
Schmierung	mit Öl

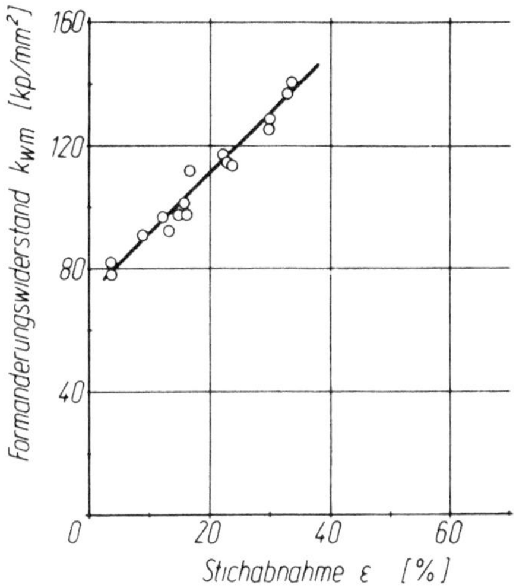

a)

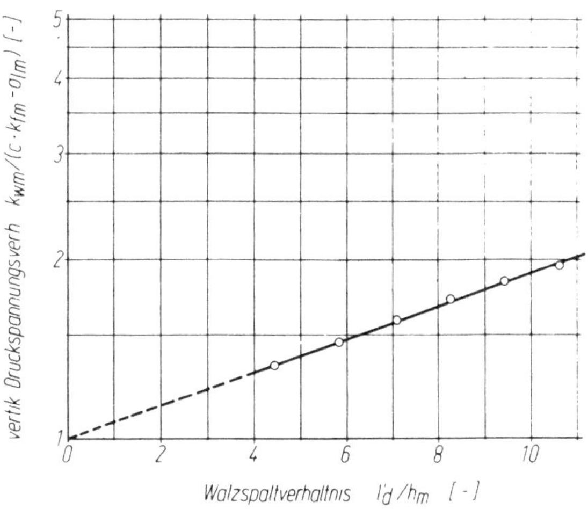

b)

Abb. 46: Versuchsergebnisse beim Kaltwalzen ohne Längszug von USt 37
a) Formänderungswiderstand in Abhängigkeit von der Stichabnahme
b) vertikales Druckspannungsverhältnis in Abhängigkeit vom Walzspaltverhältnis

Versuchsbedingungen:

Bandabmessungen	100 x 1 mm
ursprüngliche Warmbanddicke	3 mm
Größe der Vorverformung ε_V	33 %
Walzendurchmesser	290 mm (Duo)
Walzenoberfläche	geschliffen
Schmierung	mit Öl

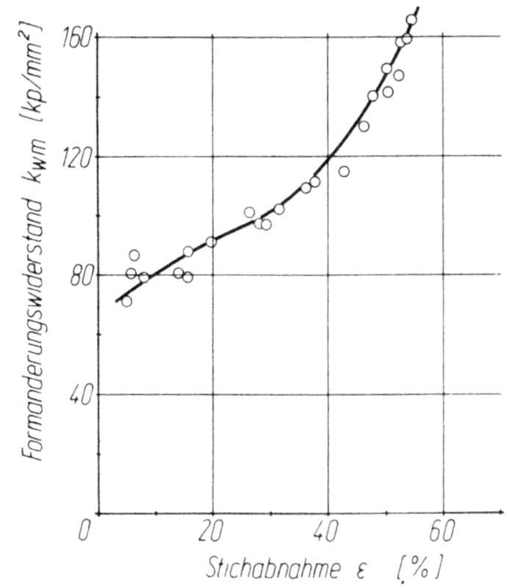

a)

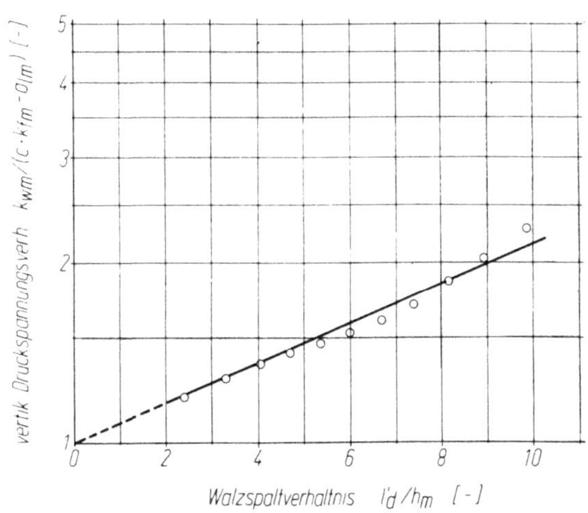

b)

Abb. 47: Versuchsergebnisse beim Kaltwalzen ohne Längszug von USt 37
a) Formänderungswiderstand in Abhängigkeit von der Stichabnahme
b) vertikales Druckspannungsverhältnis in Abhängigkeit vom Walzspaltverhältnis

Versuchsbedingungen:

Bandabmessungen	100 x 1 mm
ursprüngliche Warmbanddicke	3 mm
Größe der Vorverformung ε_V	33 %
Walzendurchmesser	126,5 mm (Quarto)
Walzenoberfläche	geschliffen
Schmierung	mit Öl

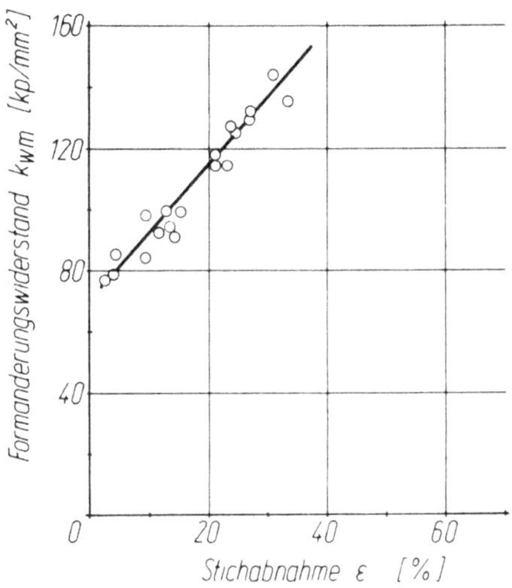

a)

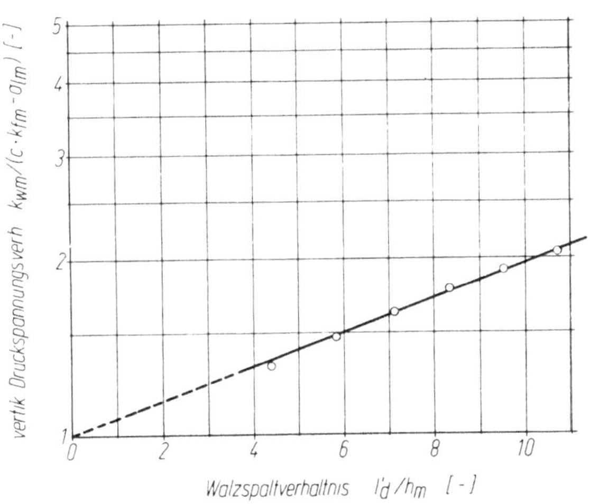

b)

Abb. 48: Versuchsergebnisse beim Kaltwalzen ohne Längszug von USt 37
a) Formänderungswiderstand in Abhängigkeit von der Stichabnahme
b) vertikales Druckspannungsverhältnis in Abhängigkeit vom Walzspaltverhältnis

Versuchsbedingungen:

Bandabmessungen	100 x 1 mm
ursprüngliche Warmbanddicke	2 mm
Größe der Vorverformung ε_v	33 %
Walzendurchmesser	290 mm (Duo)
Walzenoberfläche	geschliffen
Schmierung	mit Öl

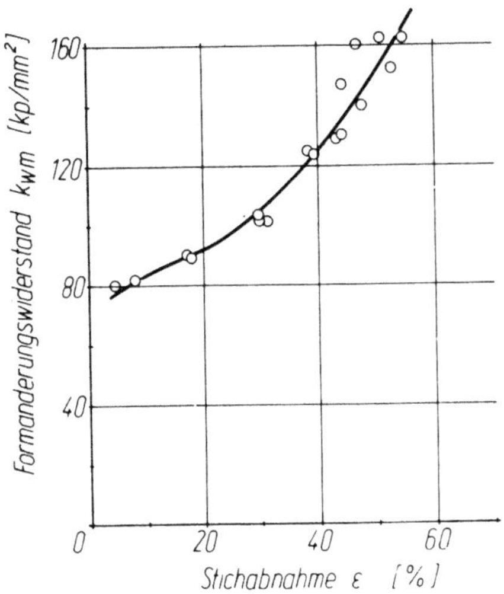

a)

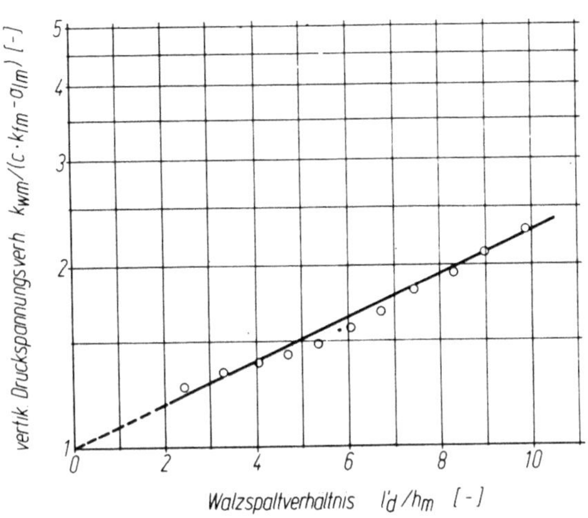

b)

Abb. 49: Versuchsergebnisse beim Kaltwalzen ohne Längszug von USt 37

a) Formänderungswiderstand in Abhängigkeit von der Stichabnahme

b) vertikales Druckspannungsverhältnis in Abhängigkeit vom Walzspaltverhältnis

Versuchsbedingungen:

Bandabmessungen	100 x 1 mm
ursprüngliche Warmbanddicke	2 mm
Größe der Vorverformung ε_V	33 %
Walzendurchmesser	126,5 mm (Quarto)
Walzenoberfläche	geschliffen
Schmierung	mit Öl

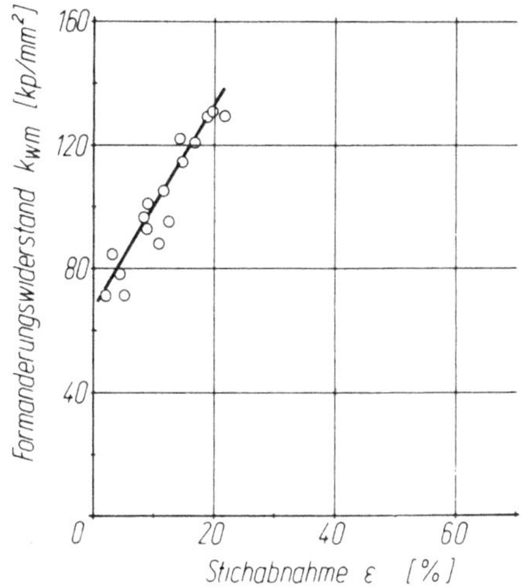

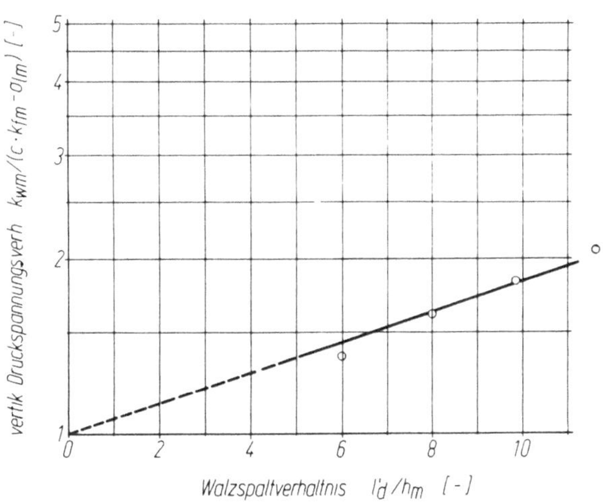

Abb. 50: Versuchsergebnisse beim Kaltwalzen ohne Längszug von USt 37
a) Formänderungswiderstand in Abhängigkeit von der Stichabnahme
b) vertikales Druckspannungsverhältnis in Abhängigkeit vom Walzspaltverhältnis

Versuchsbedingungen:

Bandabmessungen	100 x 0,67 mm
ursprüngliche Warmbanddicke	2 mm
Größe der Vorverformung $ε_v$	33 %
Walzendurchmesser	290 mm (Duo)
Walzenoberfläche	geschliffen
Schmierung	mit Öl

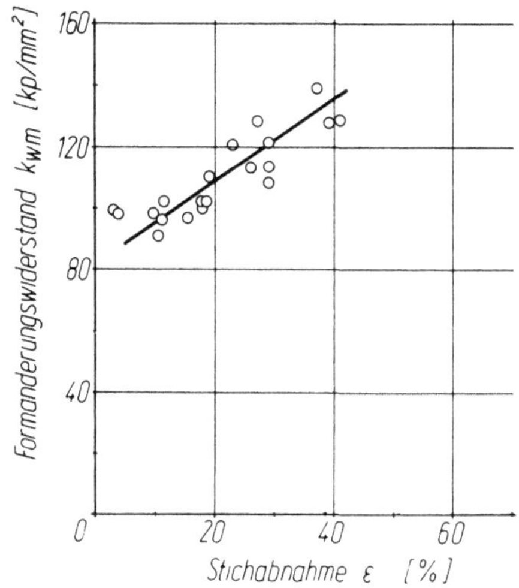

a)

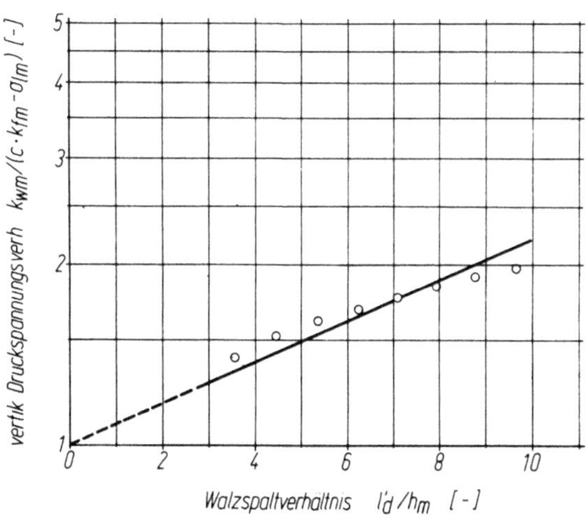

b)

Abb. 51: Versuchsergebnisse beim Kaltwalzen ohne Längszug von USt 37
a) Formänderungswiderstand in Abhängigkeit von der Stichabnahme
b) vertikales Druckspannungsverhältnis in Abhängigkeit vom Walzspaltverhältnis

Versuchsbedingungen:

Bandabmessungen	100 x 0,67 mm
ursprüngliche Warmbanddicke	2 mm
Größe der Vorverformung ε_V	33 %
Walzendurchmesser	126,5 mm (Quarto)
Walzenoberfläche	geschliffen
Schmierung	mit Öl

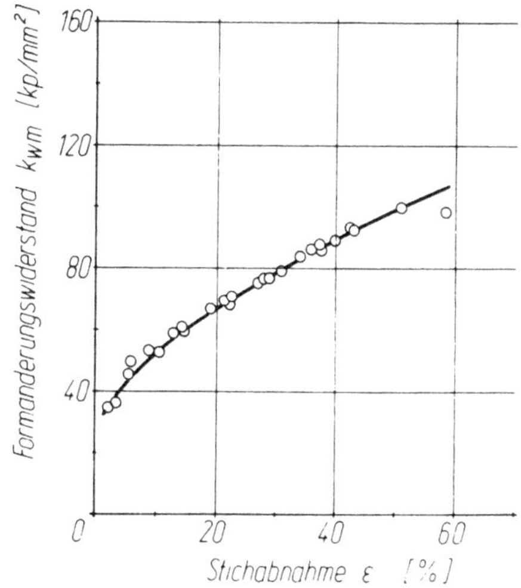

a)

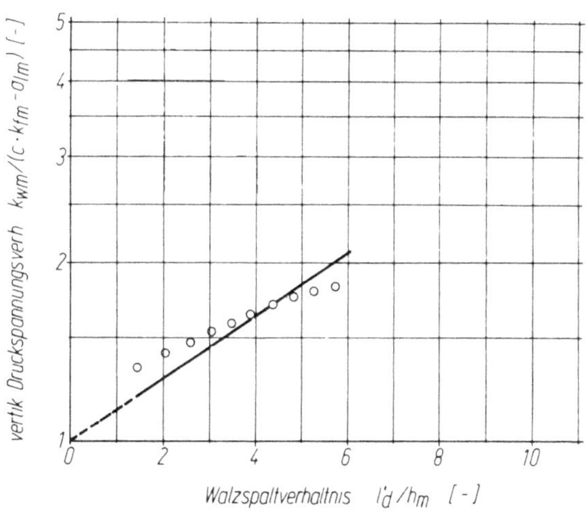

b)

Abb. 52: Versuchsergebnisse beim Kaltwalzen ohne Längszug von USt 37
a) Formänderungswiderstand in Abhängigkeit von der Stichabnahme
b) vertikales Druckspannungsverhältnis in Abhängigkeit vom Walzspaltverhältnis

Versuchsbedingungen:

Bandabmessungen	100 x 2 mm
ursprüngliche Warmbanddicke	2 mm
Größe der Vorverformung ε_v	-
Walzendurchmesser	130 mm (Quarto)
Walzenoberfläche	poliert
Schmierung	mit Öl

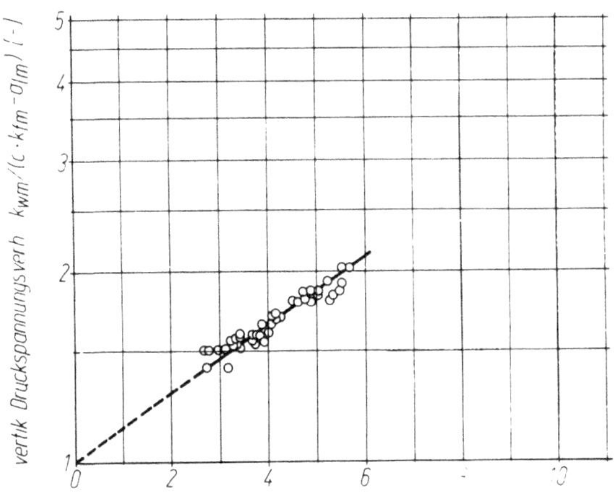

a)

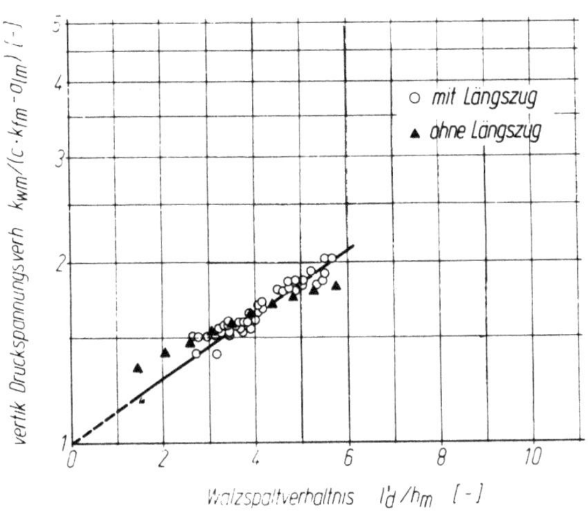

b)

<u>Abb. 53:</u> Versuchsergebnisse beim Kaltwalzen von USt 37 - vertikales Druckspannungsverhältnis in Abhängigkeit vom Walzspaltverhältnis
a) mit Längszug
b) mit und ohne Längszug

Versuchsbedingungen:

Bandabmessungen	100 x 2 mm
ursprüngliche Warmbanddicke	2 mm
Größe der Vorverformung ε_V	-
Walzendurchmesser	130 mm (Quarto)
Walzenoberfläche	poliert
Schmierung	mit Öl

Forschungsberichte des Landes Nordrhein-Westfalen

Herausgegeben im Auftrage des Ministerpräsidenten Heinz Kühn
vom Minister für Wissenschaft und Forschung Johannes Rau

Sachgruppenverzeichnis

Acetylen · Schweißtechnik
Acetylene · Welding gracitice
Acétylène · Technique du soudage
Acetileno · Técnica de la soldadura
Ацетилен и техника сварки

Arbeitswissenschaft
Labor science
Science du travail
Trabajo científico
Вопросы трудового процесса

Bau · Steine · Erden
Constructure · Construction material · Soilresearch
Construction · Matériaux de construction · Recherche souterraine
La construcción · Materiales de construcción · Reconocimiento del suelo
Строительство и строительные материалы

Bergbau
Mining
Exploitation des mines
Minería
Горное дело

Biologie
Biology
Biologie
Biologia
Биология

Chemie
Chemistry
Chimie
Quimica
Химия

Druck · Farbe · Papier · Photographie
Printing · Color · Paper · Photography
Imprimerie · Couleur · Papier · Photographie
Artes gráficas · Color · Papel · Fotografía
Типография · Краски · Бумага · Фотография

Eisenverarbeitende Industrie
Metal working industry
Industrie du fer
Industria del hierro
Металлообрабатывающая промышленность

Elektrotechnik · Optik
Electrotechnology · Optics
Electrotechnique · Optique
Electrotécnica · Optica
Электротехника и оптика

Energiewirtschaft
Power economy
Energie
Energía
Энергетическое хозяйство

Fahrzeugbau · Gasmotoren
Vehicle construction · Engines
Construction de véhicules · Moteurs
Construcción de vehículos · Motores
Производство транспортных средств

Fertigung
Fabrication
Fabrication
Fabricación
Производство

Funktechnik · Astronomie
Radio engineering · Astronomy
Radiotechnique · Astronomie
Radiotécnica · Astronomía
Радиотехника и астрономия

Gaswirtschaft
Gas economy
Gaz
Gas
Газовое хозяйство

Holzbearbeitung
Wood working
Travail du bois
Trabajo de la madera
Деревообработка

Hüttenwesen · Werkstoffkunde
Metallurgy · Materials research
Métallurgie · Matériaux
Metalurgia · Materiales
Металлургия и материаловедение

Kunststoffe
Plastics
Plastiques
Plásticos
Пластмассы

Luftfahrt · Flugwissenschaft
Aeronautics · Aviation
Aéronautique · Aviation
Aeronáutica · Aviación
Авиация

Luftreinhaltung
Air-cleaning
Purification de l'air
Purificación del aire
Очищение воздуха

Maschinenbau
Machinery
Construction mécanique
Construcción de máquinas
Машиностроительство

Mathematik
Mathematics
Mathématiques
Matemáticas
Математика

Medizin · Pharmakologie
Medicine · Pharmacology
Médecine · Pharmacologie
Medicina · Farmacología
Медицина и фармакология

NE-Metalle
Non-ferrous metal
Metal non ferreux
Metal no ferroso
Цветные металлы

Physik
Physics
Physique
Física
Физика

Rationalisierung
Rationalizing
Rationalisation
Racionalización
Рационализация

Schall · Ultraschall
Sound · Ultrasonics
Son · Ultra-son
Sonido · Ultrasónico
Звук и ультразвук

Schiffahrt
Navigation
Navigation
Navegación
Судоходство

Textilforschung
Textile research
Textiles
Textil
Вопросы текстильной промышленности

Turbinen
Turbines
Turbines
Turbinas
Турбины

Verkehr
Traffic
Trafic
Tráfico
Транспорт

Wirtschaftswissenschaften
Political economy
Economie politique
Ciencias económicas
Экономические науки

Einzelverzeichnis der Sachgruppen bitte anfordern

Westdeutscher Verlag · Opladen
567 Opladen/Rhld., Ophovener Straße 1–3, Postfach 1620

GPSR Compliance

The European Union's (EU) General Product Safety Regulation (GPSR) is a set of rules that requires consumer products to be safe and our obligations to ensure this.

If you have any concerns about our products, you can contact us on ProductSafety@springernature.com

In case Publisher is established outside the EU, the EU authorized representative is:

Springer Nature Customer Service Center GmbH
Europaplatz 3
69115 Heidelberg, Germany

Batch number: 10584556

Printed by Printforce, the Netherlands